人生要逆转 幸福需看见

寻找幸福人生的九堂课

潘平中 著

中国画报出版社
CHINA PICTORIAL PUBLISHING HOUSE

图书在版编目（CIP）数据

人生要逆转 幸福需看见：寻找幸福人生的九堂课 / 潘平中著. -- 北京：中国画报出版社, 2015.5

ISBN 978-7-5146-1084-0

Ⅰ. ①人… Ⅱ. ①潘… Ⅲ. ①人生哲学—通俗读物 Ⅳ. ①B821-49

中国版本图书馆CIP数据核字(2014)第312807号

人生要逆转 幸福需看见：寻找幸福人生的九堂课　　潘平中 著

出 版 人：于九涛
责任编辑：陈 晶
责任印制：焦 洋
出版发行：中国画报出版社
（中国北京市海淀区车公庄西路33号 邮编：100048）
开　　本：16开（700mm×1000mm）
印　　张：13
字　　数：165千字
版　　次：2015 年 5 月第 1 版　2015 年 5 月第 1 次印刷
印　　刷：三河市金元印装有限公司
定　　价：30.00元

总编室兼传真：010-88417359　版权部：010-88417409
发　行　部：010-68469781　010-88417417（传真）

前言

一门比计算机程序设计课更实用的幸福人生课

你天资聪颖，勤奋努力，
但为什么还是跌跌撞撞，一事无成？

如果能回到三十年前，
再次年轻，
那么，你会怎么做？

罗素大学集团最炙手可热的教授，
为你讲述一堂实用的幸福人生课，
让你更有智慧，更有勇气，
让你在竞争激烈的现代社会少走十年的弯路。

罗素大学集团（The Russell Group）成立于1994年，由24所顶尖的研究型大学组成，被称为英国的“常春藤联盟”。与美国的常春藤盟校不同的是，它们都是由国家资助的。罗素大学集团培养出了全世界最多的诺贝尔奖得主，其中仅剑桥大学、牛津大学和伦敦大学就有188位诺贝尔奖得主。

在成立初期，剑桥、牛津等大学的精英们纵然天资出众、勤奋努力，但大多数人在进入社会后都默默无闻，一事无成。

因此，集团各大名校以其深厚的文化底蕴和一脉相承的办学特色，共同设计出一门比程序设计课更实用的幸福人生课程。这门课由大学教授和社会贤达主讲，告诉我们如何塑造一个完美的自己。

当然，课程的设计不能漫无目的，否则就会沦为清谈。如果教授们谈“如何买股票，如何买房子”，那只是一堂社会实践课而已。

所以，教授们凭借自己的经历及智慧，分别就生命、感恩、态度、创新、快乐、寂寞、自信、面对失败、人际关系等人生最重要的课题，阐释怎样从容面对人生以及强化内心世界，从而把人生的“精神浓汤”浇灌在学生的心田。

本书是作者游学欧洲期间在罗素大学集团的剑桥、牛津等大学研习各名校所开相关的课程后，将其中的精华整理出来的成果。

墨瑞、莫扎特、爱因斯坦、迪伊·霍克、贝多芬等名人面对困境时的独特思考及人生态度，会给我们以极大的启迪，从而让我们学会用正确的态度来面对生活中的挫折和失败。

目录 Contents

目录

Contents

目录
Contents

Part 1
生　命

与年轻时的
自己谈生命密码

给年轻的自己

这个世界，只有回不去的，而没有什么是过不去的，痛苦的根源，在于心灵总是纠缠于时间轴上的过去与将来，而忽略了当下的幸福与禅机。要知道，所有的输和赢，不过是人生经历的偶然。所以，亲爱的自己啊！永远不要为难自己，不吃饭、自闭、哭泣、抑郁，这些都是傻瓜才做的事。

生命的长河缓缓流动，当和母亲联结的脐带被剪开的那一刻，我们终于在一声声怯怯的啼哭中，独自开始了生命的旅程。

站在生命的长河边，年轻的你，准备好了吗?

你一定会说："我还年轻，不需要准备，因为我有的是时间来学习。"

不，千万不能这样说，要知道，这是个竞争异常激烈的时代，你的生命经不起太多的挥霍。

记得小时候的一天，我站在家门口的小河边，看流水静静地在眼前流淌，天上的朵朵白云从山顶飘过。这时，我突然感觉自己竟然动了起来，我向前移动，大地也向前移动，而河水却静静的，一动不动。

这种神秘的感觉让我感到恐怖，一个个奇怪的问题突然跳了出来："我是谁？我的灵魂是怎么钻到我的肉体里的？我为什么站在这里？我为什么会动起来？"

这些问题一直困扰着我，常常让我陷入深深的沉思之中。

直到有一天，我坐在窗前，看着窗外乱云飞渡，树影摇曳。突然，一声细而低沉的猫叫传来，这叫声进入我的耳朵，进入我的大脑，像一根钩子，将我的意识攫空。我的灵魂飞到了肉体之外，驻留在天空，注视着我陌生而熟悉的肉体。这时，又传来一声尖细的猫叫，我的灵魂悚然惊醒，惶惶中与我的肉体再次合而为一。刹那间，我悟出了生命的本质，困扰了我很久的问题突然全部消散了。

所以，我想告诉年轻的你，你的灵魂能附着在人的肉体上，是大自然的杰作和奇迹！要知道，并不是所有的灵魂都这样幸运，大部分的灵魂附着在其他的躯壳里，他们变成了猫，变成了狗，变成了苍蝇，变成了虫子，甚至变成了细菌和微生物……唯有我们，有幸成为万物的灵长。因此，我们要让自己的生命承担起应有的责任，切勿在无端的消耗中荒废。

生命对于我们只有一次，挥霍了它，你便挥霍了大自然赐予你的最好的一次展示自我的机会。

要在生命的长河中展示自己，你必须学会在满是风浪与暗礁的河水中游泳。在学习游泳的过程中，你可能会呛水，可能会感到不适应，但是，你不能因此而放弃。因为呛水和不适只是暂时的，而不会游泳，你可能会淹死在河水中。

要学会在生命的长河里游泳，我们首先要参透生命的本质，参透生命的奥秘。就像我们在下河游泳前，要对河流有所了解一样，河流有多深？有多宽？它的源头在哪里？河水中是否存在有毒物质？我们只有掌握了河流的信息，才能如鱼得水，畅游无阻。

生命亦是如此，要让生命凸显其自身价值，我们就必须参透生命。

看着飞禽走兽、花鸟虫鱼，我时常对生命产生敬畏。一次，在院中静坐沉思时，我看见一只七星瓢虫在树叶上缓慢地爬着，它爬得那么专注，似乎对我毫无畏惧。在被称为万物之灵长的人类面前，它单纯而宁静，既无一丝自卑，也无半点自傲。

这让我对生命的奥秘产生了浓厚的兴趣。

就生命的物质性来说，我们的肉体就是由一部DNA组成的密码。关于DNA密码，那是生物学专家研究的。我想给大家说的是，除了DNA密码外，生命还有另一部密码，那就是生命的“精神密码”。

生命的精神密码存在于我们的意识之中。

精神密码决定我们生命的长度和宽度，那些在历史上取得杰出成就的伟大人物，他们之所以取得成功，很重要的一个原因，就是他们破译了生命的精神密码。

要破译我们的精神密码，就要从我们的意识入手。

意识是一个很奇怪的东西，它来无影，去无踪，无声无息，却无处不在，它像一只无形的手，操纵着我们的一举一动。

小时候，我喜欢下国际象棋。有一年暑假，邻居家里来了个小朋友，他受过国际象棋专业训练，水平很高。他轮番挑战我们一帮小伙伴，从来没有失败过，我和他下了几盘，也是满盘皆输。

我从没输得这么惨过，非常恼怒。回到家里，我躺在床上，满脑子都是白天和那个小朋友下过的几盘棋局，苦苦思索着破解方法。

第二天，我又去找那个小朋友挑战，这一次，我感觉有一种神奇的力量在帮助我。我攻防有序，每一步棋都走得稳健有力，而那个小朋友似乎很不适应我的改变，方寸大乱。我们共下了五盘棋，我赢了五盘。

当时连我自己也感到诧异，难道这个世界上真有神灵吗？

而那个神灵似乎只存在一天。第三天再和那个小朋友下棋的时候，我似乎又被打回了原形，走棋毫无章法，又是满盘皆输。

三天时间，我的棋术从地上到了天上，又从天上回到了地上。

于是，我便对那些小伙伴吹牛说，我之所以能够战胜那个受过专业训练的小朋友，是因为那天出现了神灵。

我说得神乎其神，惟妙惟肖，小朋友们都信以为真。从那以后，凡是我的学业成绩突然考到A的时候，我都认为是神灵出来保佑我了。

长大后，随着阅历的增加和对生活更加深刻的理解，我对神灵的认识也渐渐清晰起来。

我现在明白了，哪里有什么神灵？真正的神灵就是我自己。

我之所以能在那一天战胜那个受过专业训练的小朋友，是因为我战胜了心魔，而心魔正是由我的内心产生的。

因为第一天我输得很惨，所以，第二天，作为弱者的我没有包袱，只是用一种“拼”的态度和对方下棋。我心无旁骛，全部心思集中在下棋上，所以我战胜了对方。但这次胜利并不代表我的棋术有多大进步，完全是我意识上的胜利。到了第三天，再和那个小朋友下棋的时候，我的心魔产生了，因为我背上了战胜对方的包袱，这个心魔就是想赢怕输的心理。心魔一旦产生，我的超水平发挥自然不会再次出现，反而患得患失，让我的正常水平也打了折扣，结果又遭到惨败。

这就是我们的精神密码，我们生命中最重要的密码，它主导着我们的生命和行为。

这样的例子还有很多。美国著名射击运动员埃蒙斯就曾经被人们戏称是两次奥运会魔鬼附身。2004年雅典奥运会，在前9枪遥遥领先的情况下，第10枪他却把子弹打在了其他选手的靶上。悲剧在2008年北京奥运会上又不可思议地重演了，北京时间8月17日，在男子50米步枪3×40的决赛中，埃蒙斯在倒数第二轮领先将近4环的情况下，重演了雅典的严重失误，最后一轮鬼使神差地打出了4.4环，再次将金牌拱手让出。

很多人说埃蒙斯是魔鬼附身，其实，这个魔鬼就是埃蒙斯的心魔。

心魔存在于我们每个人的意识中，要让自己变得强大起来，就要破译我们自己生命中的精神密码。

1. 独一无二的个性

生命的精彩，在于我们每个人都是独一无二的，即便是一对长相酷似的双胞胎，也存在着明显的差别。

正是这七十亿张独一无二的面孔组成了这个复杂而又多彩的人类群体。

我们之所以独一无二，是因为大自然为我们每个人都设定了独一无二的遗传密码，有了这个独一无二的遗传密码，我们才能够成为一个独立的人。

独立的人首先要有独立的人格和独立的思维。

做一个与众不同的人，不要让你在汹涌如潮的人群中被埋没。

我是个足球迷，很喜欢20世纪80年代的荷兰队，他们全攻全守的打法总是让我热血沸腾，激情澎湃。虽然荷兰队从未拿过世界杯冠军，但是，他们崇尚进攻的个性打法，却赢得了全世界人民的尊敬。而对于那些依靠组成铁桶阵赢得比赛的球队，观众则嗤之以鼻，因为他们让比赛变得沉闷无比。我们买了昂贵的门票，却看了一场让人昏昏欲睡的比赛。

虽然具有独立个性的人可能会有一些小缺点，却更有魅力，让人过目难忘。

我有一个邻居叫奥立佛，他是一个非常聪明的孩子。小时候，他很安静，许多时候，他喜欢拿一支笔在纸上画自己喜欢的人物，或是他看到的景物。有时候他会把画拿给我看。第一次看到他的画时，我被震惊了，倒不是因为他画得逼真，而是因为他画画的手法和天马行空的想象力。他的笔法轻盈灵动，我几乎可以从奥立佛的画中感受到他心脏的跳动。他画画时，并不是照原物描画，而是进行二次加工，增加了许多童趣盎然的内容，让人禁不住拍案叫绝。

我对奥立佛的父亲说："奥立佛是个艺术天才，如果好好培养，今后一定会成为一个大画家。"

后来，奥立佛搬家了，我和他失去了联系。

几年过后，我在一家餐馆吃饭的时候，看到一个服务员长得很像奥立佛，于是我走过去和他搭讪："你是奥立佛吗？"

他眼神显得有些慌乱，语无伦次地低声说："是的，先生，我是奥立佛。"

尽管此时的奥立佛还是那么安静，但两眼已经没有了神采，甚至有些呆滞，连行动也变得迟缓了。

这哪里是几年前那个才华横溢、充满灵性的奥立佛？简直是变了个人。到底发生了什么事情，让这个天才少年变成了这样？我希望看到奥立佛挥着画笔在画纸上充满激情地作画，而不是端着盘子在餐馆当服务员！

我的心里充满了疑惑和愤怒。

我和奥立佛进行了一次长谈。他告诉我，父亲并不赞成他画画，因为父亲认为现在是一个金钱社会，搞艺术没什么前途，只有学金融、商业才能挣大钱，过上幸福的生活。所以，上中学后，父亲不再让他画画，而是逼着他把精力放在数学等课业上。父亲还给他请了一位家庭教师，专门在课外指导他的功课。

可是，奥立佛的成绩并没有因为家庭教师的指导而提高，反而变得更差了，甚至连性格也变得内向起来，这让父亲非常失望。父亲认为奥立佛的学业退步是学校的问题，就将奥立佛转到了另一所学校。可是，奥立佛的成绩仍然没有好转。

奥立佛没有考上大学，父亲对他绝望了。而奥立佛也变得越来越孤僻，没有学历的他，只好选择到餐馆打工。

奥立佛告诉我，其实他一直想画画，可是，看到父亲坚决的目光，他再也不敢表达自己的想法了。

奥立佛的故事让我很伤感，一个艺术之星就这样陨落了。

假如奥立佛的父亲能顺应孩子的天性，让孩子做自己喜欢做的事情，那么，奥立佛的人生也许不是现在这个样子。

遗憾的是，奥立佛并非特例。许多有着非凡特长的孩子，因为家长的从众心理，不得不放弃自己的优势，而去追求那些大众化的成长之路，结果却适得其反。失去了个人优势的孩子，也就失去了自己的个性，一个没有个性的孩子，可能连他自己都不喜欢自己，谁又会去欣赏他呢？

现在的社会是个分工日趋精细的社会，个体不需要成为什么都能干的万能者，但一定要成为某个领域的佼佼者，只有这样，我们才能在竞争激烈的社会中找到自己最合适的位置。

我们的特长，往往是我们成为某个领域佼佼者的重要砝码，丢了这个砝码，我们还有什么呢？

有了个人特长，你就有了与众不同的个性，就具备了被他人欣赏的潜力。

你们可能会问我，怎样才能有个性呢？

其实，个性每个人都有，并不需要刻意去培养，保持原有的优势即可。将超强的个人优势保持下去，就成了你的个性。

但是，请记住，个性是指优势的保持，而不是不良习惯的保持。不良习惯的保持不是个性，而是顽习，它只会让你在前进中变得寸步难行。

生命的密码是每个生命个体的唯一性，抛弃唯一性，而去依附共性，我们就把打开成功之门的钥匙丢了。

2. 情绪枷锁的禁锢

不得不承认，生命就是各种情绪的集合。

只要我们的呼吸没有停止，只要我们的大脑还在思考，我们就摆脱不了喜怒哀乐等各种情绪。

我们的行为往往涂上了我们内心情绪的色彩，当我们遇到高兴的事情时，我们会情绪高昂，做什么事情都一帆风顺；但当我们遇到糟糕的事情时，我们会情绪低落，做事情也会处处受阻。

小时候，我很爱吃鱼，可是父亲没钱给我买鱼，所以，吃鱼就成了我对生活的一种期盼。有一天，父亲发了一笔奖金，买回一条大鱼。放学回家看到桌上烹制好的一盆香喷喷的鱼时，我不由垂涎三尺，胃口大开。那天，我吃完了整整一条鱼，心情好到了极点。第二天考数学，我竟然罕见地得了A。究竟是什么原因让我得了A？我想，可能是因为好心情让我的水平得到了超常发挥。

生活中不可能都是令人高兴的事，我们也会遇到很多让我们痛苦、焦虑的事情。

所以，我们不可能始终处在高兴的情绪中，我们还会忧虑、烦恼，甚至会产生对他人的仇恨！

“仇恨”是一个感情色彩非常强烈的词，几乎找不到比“仇恨”更能表达我们对一个人的反感情绪了。

当你仇恨别人时，你会感到快乐吗？当你被仇恨的情绪包围时，你能把事情做得更好，还是做得更糟？

这个问题其实不用回答，因为我们都知道，一个被仇恨情绪包围的人没有快乐。一个失去快乐的人，又怎么可能把事情做得让自己满意呢？

我有一个学生叫保罗，他家境殷实，父亲是一家投资银行的总裁，母亲开了一家牙科诊所。父母非常疼爱保罗，不论保罗有什么要求，父母都毫不犹豫地答应。保罗从小就过着衣来伸手、饭来张口的生活，从没受过任何委屈。

上初中时，保罗开始变得内向，他对什么事情都不感兴趣，上课不认真听讲，也不和同学一起玩耍。就在初中即将毕业时，保罗突然对父母说他想退学，父母问他什么原因，他只说自己不想上学了。

保罗的父母很震惊，也很无奈，最后，他们不得不同意保罗退学。保罗退学后，在事业上也没取得什么成就。

有一天，保罗找到了我，他对我说，他人生失败的最大原因，是自己被不良情绪所控制。然后，他告诉了我当初他执意退学的原因。

初一时，有一次上历史课，保罗将一条毛毛虫放进了坐在他前排的一个女同学的衣领里，那个女同学吓得大声尖叫，同学们都转过头来看到底发生了什么事情，课堂秩序立刻变得非常混乱。

历史老师非常生气，当着同学的面，用很严厉的语气批评了保罗。上学以来，还没有哪个老师当着这么多同学的面指责保罗，就算他偶尔犯了错误，老师也只是把他叫到办公室和他谈谈心。可这次历史老师却当着同学的面训斥了他，这让他很窝火，认为自己受到了莫大的羞辱，于是，他的心里对历史老师产生了仇恨。但是，毕竟上课搞恶作剧是一件不光彩的事情，所以，保罗没敢告诉父母，他只是把仇恨藏在了心里。

保罗的故事教育我们，不良情绪是头疯狂的野兽，我们的理性经常被它吞没。

情绪为我们的生命加了一把锁，解除这道锁的密码，就在于驱走不良情绪，保持积极乐观的心态。

3. 换位思考

现在的孩子大部分都是独生子女，独生子女的一大问题就是，他们在与他人发生矛盾时，总是站在自己的角度看问题。

你是否有过这样的经历？你和小伙伴们玩耍的时候，因为一件很小的事情发生了争吵，于是，你开始为自己辩解，然后想办法把责任推到对方身上。

这就是缺乏换位思考的表现。

换位思考就是在自己和他人发生矛盾或摩擦时，站在对方的角度上考虑问题，想想对方为什么会这么说，为什么会这样做。

换位思考是我们在社会交际中一个很重要的思维方式，它可以帮我们化解对对方的怨恨，真切地理解对方的难处和需要，找到彼此关注点的交集，使矛盾和摩擦的化解成为可能。

换位思考虽然极为重要，但是不容易做到。因为人性中有自我保护的潜意识，当出现问题时，我们本能地会想到保护自己，于是，忽略他人的感受也就成了自然而然的选择。

对于换位思考，我有着刻骨铭心的经历。

我不是独生子，我有两个姐姐、一个妹妹；父亲是一个修鞋匠；母亲身体有病，整日躺在床上。家里的开支就靠父亲微薄的收入勉强支撑着。

有一次，我在书店看到一本《简·爱》，听老师说这本小说很好看，可我一直没有读过。我顿时兴奋起来，想把这本书买下来。

可是，当我把书拿起来的时候，我的兴奋劲儿立刻消失得无影无踪，因为书的定价足够我两个月的零花钱。

书是买不起了，可《简·爱》又是我心中的一个梦想。老师曾经对我说过，书中的爱情故事凄美、浪漫，而且折射出很多人生的真谛。“我一定要看这本书。”我在心里对自己说。

于是，我决定每天放学后到书店去看《简·爱》。

每天下午，我便奔走于学校、书店和家之间，虽然很辛苦，但《简·爱》带给我的精神愉悦却让奔波的劳累烟消云散，我真的被书中的故事吸引了。开始的时候，我每天看一到两页，后来，故事渐入佳境，我每天翻看的页数也在增加，慢慢地，我每天看三四页。让我高兴的是，那本《简·爱》一直没有卖出去。

尽管我加快了速度，但一本几百页的书仍然需要很长时间才能看完。我有些着急了，因为我频繁去书店肯定会引起售货员的注意，他们一定会猜到我是穷光蛋，买不起书，想跑来白看。这对自尊心很强的我来说是一种打击。

于是，我产生了一个激进的念头。一天下午，我趁没人注意的时候，偷偷将那本《简·爱》拿起，准备放进自己的书包。

就在我把书放进书包的时候，感觉肩膀被轻轻拍了一下，我转过头，只见一个女售货员站在我身后，眼里透出温柔的光。

我被吓傻了，自己的不良行为被发现了，这意味着什么？我的大脑飞快地转动，却想不出该怎样为自己的行为作解释。我语无伦次地说：“我，我……”

那位女售货员微笑着轻声对我说：“孩子，你很喜欢这本书吗？”

售货员的微笑及和蔼的眼神让我放松下来，我点了点头。

售货员接着说：“我想你把书装起来，一定是想到柜台付账，是吗？”

售货员的话让我很诧异，她已经看出我想把那本书据为己有了，因为如果要付账的话，是不需要把书装进书包里的。她为什么这样说呢？

但我还是点了点头。

售货员又说：“这本书很贵，我想你今天可能没有带足够的钱。这样，我为你留着这本书，明天你来买它，好吗？”

看着售货员温柔的目光，我忽然产生了一种力量，使劲点了点头。

回到家里，我对父亲说了想买书的事情，父亲并没有反对，他问了价钱后，就把钱给了我。

第二天下午一放学，我就兴冲冲地跑到书店。那位售货员看到我，露出了欣慰的笑容，她带我到柜台交了钱，然后冲我嫣然一笑。

到现在，这本《简·爱》一直藏在我的书柜里，因为，这不仅仅是一本书，更是那位女售货员对我的宽容。

我想，那位女售货员之所以没有揭穿我偷书的行为，是因为她看出了我的窘境，她的换位思考，保护了一个孩子敏感的自尊心。

我要感谢她，是她教会了我怎么做人，是她教会了我怎样换位思考，理解他人，宽容他人。

和人相处很复杂，因为人性很复杂；和人相处又很简单，因为人性都渴望尊重和理解，所以，在和人相处时，别忘了换位思考。

当我们与他人发生摩擦或矛盾的时候，多站在对方的角度想想，这样，问题可能就不是问题了。

4. 让自己变“坏”一点儿

父母几乎都希望自己的孩子成为学校里成绩最优异的那一个，我们又怎么能让自己变得“坏”一点儿呢？这岂不是太荒诞不经了？

先不要着急，也许听了后面的讲解后，你会对“优秀”与“坏”的内涵有更深刻的认识。

我要说明的是，我这里说的“坏”不是指违反法律、违背社会伦理道德的恶性行为，而是一种有创意的调皮和活泼，是一种不循规蹈矩的人性化的生动有趣。

让我们先来看一个故事吧！

彼得是一个私生子，他从没见过自己的亲生父亲，也不知道自己的亲生父亲是谁。彼得三岁的时候，母亲和一个农场主结婚了，农场主是一个十足的酒鬼，喜怒无常，脾气暴躁。彼得是一个非常乖巧的孩子，可农场主还是经常莫名其妙地打骂他。母亲没有经济来源，所以看到彼得受到打骂，也不敢多说什么，只能抱着彼得默默地流泪。

彼得七岁的时候发生了一件事，这件事对他影响很大。

有一天，彼得和几个小伙伴在一起玩耍，因为一件小事，彼得和一个小伙伴发生了争执，吵了起来。

两人越吵越凶，忽然，那个小伙伴指着彼得的鼻子说：“你有什么资格和我吵架？你不过是一个婊子生出来的野种！”

小伙伴的话一出口，彼得顿时怔住了，这句话深深刺伤了彼得的自尊心。虽然他知道自己是一个私生子，心里一直有些阴影，但被人冠以“野种”这样难听的词，这还是第一次。

彼得愤怒了。他想，私生子又怎么了？达·芬奇和大仲马也是私生子，他们不照样取得了让后人瞩目的杰出成就吗？我也要成为一个有成就的人，我要让这些看不起我的混蛋为他们今天说的话感到后悔。

从此，彼得开始了他的奋斗历程。上学时，他认真听老师讲课，从不多说一句废话；放学后，他认真完成老师布置的家庭作业，然后预习第二天的功课。他的勤奋刻苦终于有了回报，从初中到高中，他所有科目的成绩一直是A，同学们称他为“全A王”。母亲为他感到骄傲，邻居也开始对他刮目相看，甚至有人说彼得将来有可能成为美国总统。

高中毕业后，彼得以总分第一的成绩被哈佛大学商学院录取。大学毕业后，因为出色的学业成绩，许多大公司都向彼得伸出了手，这其中不乏像微软、苹果这样的国际知名公司。最后，彼得选择了苹果公司。

一张光鲜夺目的红地毯似乎正在彼得面前铺开，他只需抬一抬脚就能走进成功的殿堂，摘取那诱人的成功之果。

然而，接下来的事情却让周围的人大跌眼镜。

在苹果工作不到两个月，彼得就被辞退了。经理告诉他，因为他不能很好地与同事团结协作，也不能和客户进行有效的沟通交流，造成同事关系紧张，业绩下滑。权衡再三，公司还是认为他不适合待在公司。

离开苹果后，彼得又在其他的大公司工作过，结果大同小异。彼得不得不降低期望值，选择一些小公司，可每次干不了多久，他仍然免不了被辞退的厄运。

现在，彼得是一名汽车清洁工，他每天的任务就是用水龙头冲洗汽车，然后用抹布把汽车擦拭干净。

一个“全A王”，一个被人们称为“有可能成为美国总统”的希望之星，就这样陨落了。

彼得的失败不是偶然的。曾经有人对几百名在学校读书时成绩最优秀的学生进行过跟踪调查，发现这些学生在走上工作岗位后，他们中的大多数都变得默默无闻。

这就是“第十名现象”，那些在事业上取得成功的人，往往不是学校里学业成绩最优秀的学生，而是学业成绩处于中上水准的学生。

一些爱情专家也发现，那些透着一点儿“坏”的男孩和女孩，往往更能受到异性的青睐。

这个现象很有趣，值得我们深思。

为什么学业成绩最优秀的学生进入社会后，却竞争不过学业成绩并不如他们的学生？原因是多方面的，而一个最重要的原因，就是这些学生过度地关注学业成绩，而忽略了人际交往能力和团队精神的培养。当他们走进复杂的社会时，这些弱点就让他们感到无所适从，而昔日学校的辉煌又让他们不愿低头认错，于是，走下神坛就成为必然。

提醒那些在学校里只知道学习的孩子们，学业成绩固然重要，但不是全部，我们不能无视周围的同学和我们即将面对的社会。

让自己变“坏”一点儿，就是抽出时间和同学交流，哪怕是搞一个恶作剧。

让自己变“坏”一点儿，就是改变自己不苟言笑、呆板、木讷的面孔，让自己变得有趣一些。

让自己变“坏”一点儿，就是张开嘴呼吸一下社会的空气，而不至于被成堆的书本捂得发霉。

说到这里，我想年轻的你一定听明白了我要阐述的道理。你要记住，我们的本性是好的，只是有时候，我们不妨变得“坏”一点儿。

生命是一条长河，在这条河流里，我们必须学会各种游泳技巧。

张扬个性，让自己的独特优势充分彰显，那么，你的生命就会像夜空中的启明星，永远璀璨夺目，光芒四射。

大海既能吸收清澈的溪流，也能接纳泥沙滚滚的河水，于是，大海成就了自己的博大。我们既能学习他人的长处，也能接纳他人的缺点，于是，我们成就了自己宽容的胸怀。

人生是由事业、婚姻、爱情、亲情、友情烩成的一锅美味大杂烩，缺少任何一个元素，我们的人生都会变得索然无味。年轻的你啊！千万别因为痴迷其中某一个元素，而忽略了其他元素。留意人生的每一刻，你会感觉活着真好。世界并不亏欠你什么，它赋予你生命，你应该心存感激，让生命的每一刻都成为对这种感激的一个诠释。

Part 2 感恩

墨瑞的相约星期二

给年轻的自己

不要认为这个世界离不开你，不管你自我感觉有多么良好，离开了你，地球照旧是24个小时一个昼夜轮回。不要整天无谓地抱怨，抱怨只会让你在虚掷的时光中过早地步入老年。与其抱怨命运对你不公，不如感念父母的亲情，感念朋友的帮助，感念阳光雨露的温润。感恩会安抚我们波动的心情；感恩会阻止我们的一些不良企图。当我们的心被感恩所包围时，我们的心灵就积蓄了澎湃的力量。

近几年来，我经常感到一种深深的无奈，因为我看到了很多不愿意看到的事。

最近一件事就在昨天。我走在大街上，看到一位年轻的母亲带着5岁左右的儿子准备过人行横道。这时，儿子突然要母亲给他买一支玩具枪，母亲没答应，儿子立刻躺在地上大哭大闹。母亲显然急着上班，没时间和儿子理论，便把儿子从地上硬拽起来，准备过人行道。儿子愤怒了，突然拼命一挣，从母亲手中挣脱了出来，然后用手指着母亲，直呼母亲的名字，恶狠狠地说："XXX，我要杀了你，挖你的心肝吃。"

小男孩此言一出，周围的人顿时瞠目结舌。我听到旁边有人你一言我一语地低声议论：

“这小孩也太不像话了，怎么说出这样大逆不道的话？”

“如果我生出这样的儿子，我会毫不犹豫地把他掐死。”

“这当妈妈的也是，怎么能这样娇惯孩子呢？活该她受罪。”

“哎！现在的孩子太难教了。”

这四个路人的话，实际上代表了四种观点，我们姑且把它们简称为“四个代表”。

其实，这“四个代表”中，除了第四个比较理性中肯外，前面的三个纯粹是偏激、狭隘的情绪发泄，完全属于乱弹琴。

第一个人的言论属于典型的就事论事，只看表面，不及其里。我们知道，这孩子说要挖母亲的心肝吃，一定是受了暴力游戏或语言的影响，只是说说而已，未必真能吃母亲的心肝。不过，第一个人倒是把问题给提了出来，给旁边的人提供了一个思考方向。

第二个人的言论是站在旁观者的角度看问题，缺乏换位思考。试想，如果是他的儿子说了这样的话，他会把自己的儿子活活掐死吗？就算他下得了手，他就不怕法律之剑饶不了他？

第三个人和第二人犯了同样的错误，缺乏换位思考。哪一个母亲不疼爱自己的孩子？可能这个母亲的教育方式欠妥当，但是，有哪一个母亲含辛茹苦地把孩子抚养大，是为了让孩子来杀自己？

只有第四个人的言论是把看到的现象和社会大背景结合，经过思考后，他发出了一声无奈的感叹。

是啊！对待生身母亲尚且如此无情，那么对待他人，又会怎样呢？

现在的孩子太难教了。无论是谁，都会发出这样的感叹。

现在一说到孩子感恩意识的缺失，许多人马上就会说，这是社会大环境造成的，而且这种观点相当有市场。

可仔细一分析，把孩子感恩意识的缺失归咎于社会大环境，虽然很有道理，却有推卸责任之嫌。

社会大环境是由什么组成的？难道不是由我们这一个个活生生的人组成的？难道我们就一点儿责任都没有吗？

问一问我们自己：

一年三百六十五天，我们有几天是和父母一起度过的？一年三百六十五天，我们给父母打过几次问候电话？

新年的时候，我们有没有给自己的老师发过新年贺卡？

当我们自己的感恩之心在一点点地消失时，又怎能期望我们的孩子怀着感恩之心？

所以，与其责怪社会大环境，不如行动起来，从自己做起，把自己的感恩心重新拾起来。

不要把感恩和功利联系在一起，这只能让我们的灵魂变得肮脏。

感恩是一种发自内心的简单而朴素的情感，无须矫饰，它就蕴含在一个个简单而朴素的言行中。

当妈妈说“给你留的西瓜放在冰箱里”时，你真诚地对妈妈说：“我给您也切一块吧！”

当老师夸奖你所取得的成绩时，你微笑着回答：“谢谢。”

当同事夸奖你冲的咖啡香气十足时，你真诚地对她说：“如果你不介意的话，我也为你冲一杯吧！”

常怀感恩之心的人，生活得舒心且自在；常怀感恩之心的人，内心是和谐、温暖的。相反，不懂得感恩的人，看到的总是世界的阴暗面，心胸也就相对狭窄。

如果我们已经遗忘了什么是感恩，那就让我们从回忆中寻找那些值得我们感恩的人吧！

1. 居里夫人与欧班老师

人的一生都在不断地受别人的指引和影响。小的时候，父母教我们怎么走路，怎么吃饭；长大后，进了学校，老师教我们如何为人，如何处世。在人生的关键时刻，是老师在为我们指路。

也许老师对我们很严厉，也许老师没有给予我们太多的关注，但一日为师，终身为父，他们曾经是我们的指路人。

这个世界上，除了父母之外，恐怕只有老师是用最纯、最真的爱来爱我们了。

居里夫人是世界著名的科学家，她和丈夫经过十几年的努力研究，终于发现了放射性元素“镭”，并因此获得诺贝尔奖。

此时的居里夫人可谓是功成名就，万众瞩目。然而，居里夫人首先想到的却是少年时代的老师——欧班老师。

居里夫人受欧班老师影响很深。在欧班老师的悉心培养下，居里夫人的物理和化学从小就打下了坚实的基础，这也为她今后的深入研究打开了一扇大门。

一天，居里夫人给欧班老师寄了一封信。当欧班老师收到那封信时，她简直不敢相信自己的眼睛，信封上的署名竟是“玛丽·居里”。

欧班老师犹豫着不敢收下，她以为是邮局人员送错了。

是啊，在外人看来也有点儿不敢相信啊！一个举世闻名的科学家怎么会给一个默默无闻的教师写信呢？更何况已经过去20多年了。

直到送信人员肯定收信人没错之后，欧班老师才用颤抖的双手拆开了信封。

当老人读完信后，已是泪眼模糊了，20年前的那个女学生玛丽·居里一点点地在她眼前浮现出来。

居里夫人在信上并没有炫耀自己取得的骄人成就，她更多的是回忆当年的师生情谊，表达对老师深深的敬意。她告诉老师，自己一直在法国从事科学研究工作，同时，她诚恳地邀请老师到法国做客。

更令人钦佩的是，为了表达自己的诚意，玛丽·居里还寄来了往返的全部路费。在欧班老师看来，即使是自己的亲生儿女都未必能这么体贴，而一个阔别多年的学生却有这份心，确实令人感动。

终于，久别的居里夫人和欧班老师见面了。在居里夫人的家里，学生亲自下厨为老师准备丰盛的晚餐。饭后，师生亲切地交谈，两人仿佛又回到了20年前美丽、纯净的校园。居里夫人完全没有世界著名科学家的架子，而老师也忘掉了一切拘束。

有人说，居里夫人的行为是作秀，是为了树立自己的道德楷模形象。给老师写一封信并不是多大的事情，以居里夫人的经济实力，给老师买两张往返车票也只是举手之劳，并不值得大书特写。

然而，居里夫人用自己的实际行动向世人证明了自己并不是作秀！

1932年，华沙的镭研究所建成。居里夫人受邀参加开幕典礼，并成为会上的主角。当时参加典礼的还有共和国总统、部长、著名科学家等名人，然而，在会议正要开始的时候，居里夫人却突然走下主席台，并且穿过人群。居里夫人要做什么？全场的观众都好奇地看着她。

只见居里夫人径直走向一位坐在轮椅上的头发花白的老妇人，她深情地握住老人的手，并将老人推上主席台。

此时，全场响起了雷鸣般的掌声，这位头发花白的老人就是欧班老师。老人的脸上也挂满了泪花。她的学生成为了世界著名的科学家，更重要的是，这个学生成名之后仍然没有忘记自己。

这是一个多么令人感动的场面啊！

也许有人会说，自己和老师并不熟悉，说不定老师早已忘了当年的学生。可是，当年的老师和居里夫人也并不熟悉，老师只记得玛丽·居里是当时班级里每科都考第一的小女生。居里夫人却牢记师恩，虽然时隔二十几年，老师的那份恩情长驻在居里夫人心中。

2. 我的初中历史老师

我的初中历史老师是一个讲话幽默又有气势的“小老头”，他兴趣广泛，博览群书。正因为他博学多才，所以，他的课总是深入浅出，活泼生动。

他给我们讲他读书的过程，讲对他影响特别深的书籍，他还把自己私人的藏书拿出来和我们共享。

在他的影响下，我们班刮起了一股读书风，一个星期读一本书，虽然对书中的内容理解不深，但大家也读得其乐无穷。我就是从那时起养成了读书的习惯，在以后的学习、工作生涯中，书籍一直是我的良师益友，是我在不断成长中的精神食粮。迷茫的时候，我喜欢读书；开心的时候，我喜欢读书。在书的世界里，我可以感受与别人不一样的人生，体会并学习别人对待生活的智慧和勇气，更重要的是，与书中的主人公共同成长，共同分担。我似乎总可以在书中找到自己的影子，并且为自己的生活找到更好的出路。

可以说，是这位历史老师把我带进了知识的殿堂。

我一直都在想，如果不是历史老师把我带进知识的海洋，今天的我肯定相当愚笨。

我总想找机会再回去探望一下老师，再去看看他的书斋，和他一起聊聊书中的人生，再去聆听一下他那语重心长的教诲。可是，由于种种原因，探望恩师的心愿一直没能实现。

前不久，从同学那里得到消息，老师得了重病，已渐渐失去知觉。我连忙推掉所有的事情赶到医院。见到我们时，老师已说不出话了，但我清楚地看到他的眼里闪现出光彩。

我紧紧地握住老师那双枯瘦的双手，过去的一幕一幕都涌进脑海。虽然我一直想念着老师，一直想对老师表达自己的思念之情，但我的麻木、我的迟钝、我的自私，却让我一拖再拖。等我见到老师，想表达对老师的思念之情时，敬爱的老师却快要离开人世了。

我为我的麻木后悔，为我的迟钝后悔，为我的自私后悔。可后悔又有什么用呢？我注定要留下一个永远的遗憾。

相比我的遗憾，居里夫人却幸运许多。但是，与其说居里夫人幸运，倒不如说居里夫人对老师的感情比我更真切。就这一点来说，居里夫人是我的老师。

老师在我们成长的关键阶段培养了我们，让我们养成一些终身受用的良好习惯，纵然老师批评过我们，但那都是爱的表现。长大之后的我们，应该感恩老师，有了那份感恩，才能更好地成长，才能更好地做人。

3. 卡夫卡为小女孩建构的童真

生命都是相互依存的，世界上的一切都依赖于别的东西而存在。

我们从出生的那天起就沐浴在爱的恩泽中。

我们是父母爱情的结晶，在母亲分娩的阵痛中，我们看到了这个光明的世界。父母也成为我们生命中的第一恩人。

老师用他们的爱心、人格、知识为我们开启了一扇心灵之窗。老师也是我们的恩人。

我们的邻居，是我们的恩人；我们的朋友，是我们的恩人；还有那些曾经给过我们帮助的人，都是我们的恩人。

人的一生中遇到的恩人不计其数，举手投足之间，微笑点头之际，我们都有可能邂逅恩人。

有一所学校有这样一个制度，要求学生每年放假离开学校前，要给学校一个评价。

一个纨绔子弟第一年离开学校时，老师问他最想对学校说什么？他想了想说："床硬。"

第二年年底，老师又问他："又过了一年，你对学校的评价是什么呢？"学生说："食劣。"

第三年年底，老师再次问了这个学生同样的问题。这一次，他开心地对老师说："我终于可以离开这所苦海一样的学校了，感谢上帝。"

听完学生的回答后，老师摇摇头说：“心中没有感恩之情的人，对外界的一切均是抱怨。这样的人要如何在社会上立足呢？”是啊，如果一个人从来没想过要给予别人什么，而只是一味索取，那将是多大的不幸？

学生在校三年，老师教他知识，同学关心他的生活，在离别之际，对老师、对同学、对学校竟无一点感恩之情，这种人的人生，注定是灰暗的。

曾有报社采访一个大学的副教授——伊琳，采访内容和著名作家卡夫卡有关。

伊琳对卡夫卡的作品情有独钟。在孩童的时候，伊琳就开始接触卡夫卡的作品，虽然读不懂，但她还是认真地研读。日复一日，她已慢慢进入卡夫卡的文字世界。20岁时，她读完了卡夫卡所有的著作。

后来，伊琳开始研究卡夫卡和他的作品，她写了很多关于卡夫卡作品的论述。经过多方努力，她在报纸上为卡夫卡开设了专栏；她四处演讲，宣传、推广卡夫卡的作品。

一个大学教授为何对卡夫卡如此着迷呢？难道仅仅只是一个读者对作者的个人崇拜吗？她和卡夫卡是什么关系？我的内心产生了一连串的问号。

当伊琳被问及为何对卡夫卡如此情有独钟时，她谈起了三十多年前的那个午后，一个关于洋娃娃的故事。

伊琳回忆说：“那是一个春天的午后，因为丢失了洋娃娃，我独自坐在草坪上哭泣。一个中年男子从我身旁走过，他问我为何哭得这么伤心？我告诉他：‘我的洋娃娃丢了，怎么找也找不到。这个洋娃娃是我积攒了一年的零花钱才买到的。’说完，我又哭了。这时，那中年男子摸摸口袋，我以为他捡到了我的洋娃娃，心里顿时燃起了一线希望，但我的希望马上又破灭了。他对我说：‘洋娃娃没有丢，只是到别的地方去玩了。’我想他一定是骗我，我才不信呢！

“突然，中年男子的眼睛一亮，他说：‘洋娃娃要是过几天还不回来的话，它就会给你写信。’我半信半疑地擦掉眼泪，洋娃娃会写信吗？中年男子坚定地对我说：‘会。’

“几天后，我果然收到了一封来自‘洋娃娃’的信。信中，‘洋娃娃’详细地向我描述了自己在哪里玩，沿途的风景如何如何美……读着读着，我觉得一切都是那么的神奇。以后，每隔一周，我都会收到一封‘洋娃娃’的信，而且每封信中描述的都是不同的风景和画面。慢慢地，信中的内容已然构成了一个梦幻般的世界，‘洋娃娃’通过写信的形式向我展示了一个神奇美妙的世界，它真的成了我的一个朋友。

“渐渐地，我和‘洋娃娃’建立了深厚的感情。可是，两个月之后，‘洋娃娃’再也没有给我写信，我开始茶饭不思，整天哭哭啼啼。

“一天，一个中年女子来到我家，并且给我送来了一封信。接过信一看，我立刻认出了那是‘洋娃娃’给我的信。中年女子自称信是她在整理丈夫遗物时发现的。她就是大名鼎鼎的卡夫卡的遗孀，因为身患肺结核，卡夫卡已经离世了。

“那时的我根本不懂事，更不认识卡夫卡，听到洋娃娃回不来了，我又开始哭了。

“后来，我长大了，知道那个‘洋娃娃’并不存在，那只是卡夫卡用他的方式在抚慰我。

“但这件事情却影响了我一生。卡夫卡用一种孩子最能接受的方式，教会了我什么是真善美。他是我一辈子的恩人。

“当我第一次在小学课本上看见‘卡夫卡’这个名字时，我就知道他不仅是我的恩人，还是一个值得我尊敬的人。以后的日子，我开始研读卡夫卡的作品，并在报纸上开设专栏，宣传卡夫卡的作品。”

伊琳终生不忘卡夫卡给予的帮助，卡夫卡寄给她的那些“洋娃娃”书信，她一直收藏着。后来，她将这些书信全部捐给了国家博物馆。

卡夫卡是伟大的，他在生命快走到尽头时，仍然用自己的才华和想象力维护着伊琳内心构筑的纯真的精神世界。他在最后的日子里对小伊琳的劝慰，影响了伊琳的一生。

但我们不得不说，伊琳也是伟大的。对于自己的恩人，她始终心怀感恩，即使恩人已经辞世，她依然用自己的行动践行着“知恩图报”这个人世间最朴素的道德准则。

能够遇到恩人，那是我们的幸运；感恩于你的恩人，不仅是个人道德水平的体现，也是一种处世哲学。

曾经有两个旅人，他们已经在沙漠行走了多日，携带的水也已经喝完了。就在他们口渴难耐的时候，遇到了一位赶骆驼的老人。

老人拿出自己的水，给他们一人分了半瓷碗。

面对同样的半碗水，一个旅人欣喜地接过，并说：“谢谢你，在我危难的时刻，是你救了我。”说完深深地鞠了一躬，然后高兴地喝了水。

而另一个旅人心里却很不满，他想，这半碗水怎么能解渴？老人为什么不给自己一整碗水呢？就在他闷闷不乐之时，一不小心，他手中的半碗水竟被泼掉了。

前一个旅人喝完那半碗水，体力得到了恢复，终于走出了沙漠。

而后一个旅人却因为口渴难耐，体力不断下降，只能倒在沙漠上等待救援，最后死在沙漠里。

同样是只有半碗水，同样是那一个恩人，有的人选择了感恩，而有的人却选择了抱怨，可是，抱怨却葬送了他的生命。

人生苦短，怀有一颗感恩之心的人常会得到上帝的眷顾。一个懂得感恩的人，即使遇上再大的灾难，也可以熬过去；而常常抱怨的人，即使遇上了福，也可能变成祸。

4.《相约星期二》

大千世界总有各种不幸，从来到这个世界的那一刻开始，我们的生命就伴随着各种不幸，疾病、痛苦、自然灾害、战争、突发事件……

我们在不幸中长大，如果没有不幸，我们无法变得这样坚强，因此我们应该感恩不幸。

用感恩的心看待人生的失意和不幸，你的人生将是一片海阔天空。英国作家萨克雷曾经说过：“生活就是一面镜子，你笑，她也笑；你哭，她也哭。”

感恩生活，微笑着面对周围发生的一切，你的生活就能峰回路转，找到另一片晴空。感恩来自你的心灵深处，并非对现实的逃避，也不是对自我的安慰，它是一种无限热爱生活的体现。

美国有一位著名的社会心理学教授——墨瑞，他的课生动又活泼，学生都喜欢把他当朋友来看待；业余时间他还喜欢跳舞，在舞厅里，不管什么音乐，他总能翩翩起舞。然而，在他年过七旬的时候，不幸降临了，他患上了肌萎缩性侧索硬化症，不但不能跳舞，而且随着病情的严重，他的身体开始慢慢地麻木，连正常人的生活也没法过了。

这在我们看来是多么的不幸和心酸啊！

多少人在面对不幸的时候，无法战胜自己的心魔，选择躲避，甚至连向自己最亲爱的家人诉说的勇气都没有。

我曾经有一个很优秀的学生——乔治，他有温暖的家庭，有漂亮贤淑的妻子，过着快乐、潇洒的生活。然而，在一次体检中，他被检查出得了脑瘤。生活一下子变了样。

乔治崩溃了，他不敢面对现实，更不敢面对自己的妻子和孩子。于是，他抛下妻子和孩子，带着自己的私人医生，逃回了老家。

父母在担心，爱人在心碎，朋友在关心，然而，看着熟悉的号码一次次地出现在手机屏幕上，乔治却没有接电话的勇气。为何上帝要给他带来这样的不幸呢？为何得脑瘤的是他呢？外界的一切都很美好，只有自己一个人在悲伤，热闹是别人的，一切都和自己没有了关系。在这样的情绪中，他的病情越来越严重，精神状态也越来越差。最后，他孤独地离开了人世。

既然得病已成现实，为何不坦然面对病情，面对周围的一切呢？不是还有关心他的父母、妻子及朋友吗？

虽然肉体上受到摧残，但乔治的心灵仍然可以维持健康的状态。相比那些躺在病床上的人，他并不是完全没有希望，他应该和家人一起快快乐乐地生活，而不是逃避。

同样是身患重病，墨瑞的态度却截然不同。他坦然面对，他感恩的心还是健康的。在踏出医院的那一刻，他就决定了："我不甘心就这样枯竭而死，我要勇敢地面对死亡。"

怀着感恩的心，墨瑞开始研究死亡这门课程。当拄着拐杖在步行街上摔倒之后，他将拐杖换成学步车；当去厕所都困难的时候，他开始用一个大口瓶小便……对于这些常人所谓的种种不幸，墨瑞都怀着感恩的心接受了。

他感恩世上还有那么多爱他的人，感恩自己还能正常呼吸和正常思考，甚至他的思想比得病之前还要活跃。在人生的最后时刻，他终于完成了自己的遗作——《相约星期二》。这是一个教授怀着感恩的心，给他的学生上的最后一课。

墨瑞坐着轮椅参加了一个同事的葬礼，回来后，他显得相当沮丧。葬礼上有那么多人表达了对死者的无限怀念，大家都说得很好，可惜死者永远也听不到了。他知道，这一年也将是自己人生的最后一年了，他感谢上帝还给他留了一年的光阴。他选好日子，打电话约了亲朋好友齐聚家里，为自己办了一个“活人葬礼”。在这个别开生面的葬礼上，每个人都向老教授致了哀悼词，有的哭，有的笑。在人生的结尾处，墨瑞还是满怀感恩之情继续自己的生活。

躺在病床上的日子里，墨瑞时常望着窗外的落叶飞花静静思索。家人怕他无聊，在他的躺椅边放一些杂志、报纸，也常念新闻给他听。

一次，当保姆正在念一则关于非洲沙漠的新闻时，墨瑞听着听着就哭了。非洲贫民窟里粮食非常短缺，有一位老爷爷为了不让孙子饿肚子，自己很少吃东西，他把省下的食物留给了自己的孙子。可食物越来越紧缺，实在没有办法了，老爷爷索性绝食了。不久，因为饥饿，老爷爷离世了。

念到这里的时候，保姆突然想到，这样悲伤的故事可能会刺激墨瑞。想到这里，保姆不由得有些后悔。可是，墨瑞却不以为然，他已经沉浸在那个悲伤的故事里，完全忘记了自己也在承受着病痛的折磨。

此时，墨瑞已渐渐不能动弹了，要时常有人拍打他的胸部，才能把堵在他胸口的痰拍出来，然后他才能呼吸。

在生命的最后时刻，墨瑞依然乐观、开朗，用一颗火热的心拥抱着生活。一次，墨瑞喘得很厉害，为了拍出墨瑞胸中的痰，学生用拳头一下一下重重地叩击老师的背。没想到，被砸的老师却面带笑容，喘着气说："我……早就知道……你想……打我……"学生也幽默地回答："谁叫你在大二时给我一个B，再来一下更重的。"看到这里，大家所有的担心都化为乌有了，虽然老教授身处不幸，可心态的健康却超乎常人。

我们在生活中也常会遇到各种不幸，小到错失一班公交车，大到生命受到威胁。在种种不幸面前，我们不必急着抱怨，不必空自哀叹，而要怀着一颗感恩的心寻求解决办法。也许，你会发现，一切都没有那么糟糕。

从今天开始学着感恩，感恩你的生活，感恩你遇到的每一个人，感恩你遇到的每一件事。

怀着感恩的心对待周围的人，那么，你将在他们身上看到值得你学习的东西。

在生活、学习和工作中，学会感恩，感恩生活的每一天，感恩每一天的阳光雨露。也许我们并不能对所有人一一表达自己的感恩之情，但是，心怀感恩是必须的。

5. 雨露与春笋

现代人干什么都喜欢快，吃饭要吃快餐，唱歌要唱快歌，坐车要坐快车，挣钱要挣快钱……所有的一切都在向快的方向发展。

因为凡事都追求快，所以，人们往往不愿意干那些需要下慢劲儿的力气活儿、感情活儿。

感恩就是一个需要下慢劲儿的感情活儿。索取容易，付出难，感恩需要情感的付出，人们自然不愿意干。

感恩的心少了，牢骚自然多了。发牢骚谁不会啊？又痛快，又可以排泄掉心里的垃圾。于是，人们对感恩更加不屑一顾了。

其实，面对生活，面对工作，我们应该怀着一颗感恩的心去体会、去经营，这样，生活才会有更多的期待和温暖。

在工作中疲惫了或是与老板和同事发生不愉快的时候，我们可以这样问自己，我是在为谁工作？为老板还是为同事？当然都不是，我们是为了自己。

老板给我们提供了工作，让我们有了展示自己才华的平台；给我们发工资和奖金，让我们的才华转变成金钱。难道我们还要去和老板争吵吗？

而同事是与我们相处时间最多的人。世界上有这么多人，可是，只有这几个人有幸和我们坐在一个办公室里，那是多么小的概率啊！

对于那些平时给我们帮助的同事，我们要请他们喝一杯酒或者给他们一个拥抱。我们要感谢他们给我们的帮助。

对于那些没有给我们帮助的同事，我们也要请他们喝酒或者给他们一个拥抱。我们要感谢他们没有在背后给我们挖坑。

对于那些曾经算计过我们的同事，我们还要请他们喝酒或者给他们一个拥抱。我们要感谢他们教会了我们怎样保护自己。

当你觉得一种生活维持了几年，甚至是十几年一成不变得令你窒息的时候，也没必要因此而郁郁寡欢，更不要去埋怨家人。因为，即使是维系着一成不变的状态，家人也同样付出了很多努力。

还记得电影《爱情呼叫转移》里面的经典桥段吗？男主人公下班回家，在电梯里就已经预见到了家里的情景：老婆穿着多年前的蓝色毛衣，做着每天都一样的炸酱面，看着已经看了几十遍的韩国电视连续剧。男主人公在无数次抱怨之后，选择了离婚。接下来的每一段新恋情无不刺激绝顶，但是，最后他还是觉得老婆最好。可是，就在他终于想通了，回到家的时候，才发现家已经是别人的家，而老婆也已经是别人的老婆了。这个教训可谓惨痛！

我们应该怎样对待家人呢？

当然是要抱着感恩的心态去面对了。举例来说，当你吃早餐时告诉妻子："亲爱的，你煮的牛奶、鸡蛋和煎的午餐肉，是世间最好的美食。谢谢你！"即便过去的三百六十五天你每天都吃同样的早餐，可就因为刚才的话，你妻子会十分惊奇地看着你，而惊奇本身很有价值。即使早餐并不是真的那么好，她也会在第二天做得更好。一句轻声的感谢，会换得他人心中很有分量的好感。

Part 3 态 度

莫扎特克敌制胜的秘密

给年轻的自己

不要认为你有了超凡的能力就能主宰整个世界。人生是一辆在山路上行进的小车，它需要两个轮子，这两个轮子一个叫“能力”，一个叫“态度”。

有超凡的能力，只能证明你为自己的人生装上了一个轮子。这时的你，需要倍加小心，因为上帝是悭吝的，他赐给你过人的智慧，也必然会在你身上附加懒惰和自以为是的恶习。

当你以为凭借超凡的能力可以轻而易举地驶向成功时，你可能正处在危险的悬崖边上。这时，能把你从悬崖边上拉回来的，有两个朋友，一个叫“谦虚”，一个叫“勤奋”。

态度决定不了一切，但没有态度，一切皆为空谈。

年轻的你，情绪起伏很大，而且常发脾气。

我说的脾气不好，并不是说你的脾气暴躁，而是说你的情绪不稳定，比如，你高兴的时候可以用一双筷子夹死一只苍蝇，更厉害的时候可以一双筷子夹死两只苍蝇；可当你情绪失落的时候，即使桌子上趴着一只睡着的苍蝇，你拿着大苍蝇拍也打不死它。

情绪波动是正常的，可你的情绪波动频率太快了，做事情往往是一会儿兴奋跳跃，一会儿萎靡不振。有时候，我怀疑你脑袋里是不是装了个震动器？

最让我不能接受的是，由于情绪波动大，导致你做什么事情都虎头蛇尾。刚开始做事的时候气豪胆壮，轰轰烈烈，但到后面，尤其是到了收尾的时候，就开始精力不集中，甚至掉链子。

中国有句古话，叫做“行百里者半于九十”，也就是说，一件事情愈接近成功愈困难，愈要认真对待。如果你前面做得很好，但后面没有坚持住，那很可能就会前功尽弃。而你恰好不幸地犯了这个大忌。

你有能力，有朝气，有水平，可就是因为犯了虎头蛇尾这个大忌，结果给你的家人、同事、上司留下了办事不牢的恶劣印象。在公司里，凡是遇到重要的事情，经理总是把你束之高阁，雪藏起来。这对你的自尊心打击不大吗？

为了帮你改掉做事情虎头蛇尾、情绪波动大的顽疾，我躺在床上苦思冥想了一整个晚上，终于给你找到一个精神榜样做示范。

那就是音乐大师莫扎特。我想大师一定能对你的心灵产生很大的影响，让你混沌不清的心灵变得如明镜般清澈。

让我们看看莫扎特是怎么对待生活的吧！

1786年的一个晚上，漫天的雪花静谧无声地飘着，让街上的行人顿生几分浪漫的感觉，但刺骨的北风又似乎在告诉人们，不要太浪漫了，现在是冬天。

在这风雪交加的晚上，有一间小木屋正透着些许暖意，这很容易让人联想起童话里的故事。但这不是童话世界，这里是欧洲音乐之都维也纳。维也纳的“音乐之都”之称绝非浪得虚名，不但音乐家层出不穷，就连这里的市民也个个都是顶尖的音乐迷。

这间小木屋的主人就是一个音乐迷，他在临终之前还念念不忘听音乐。

他把女儿叫到床前，对女儿说："孩子，我要去见上帝了，临死之前，我想听听音乐。你到外面去看看有没有音乐家，我想一边听人弹琴，一边想着美好的事情，然后去见上帝。"

女儿答应了父亲的请求。寒风中，她站在街上，看路过的行人中有没有音乐家。这么冷的天，人们都待在家里烤火炉，谁会出来呢？但是，女儿没有放弃，她一定要完成父亲临终的心愿。

这时，一个人哼着曲子朝她走来，她一阵狂喜，走上前去说道："先生您好，我想请您帮个忙。我爸爸就要死了，他临死前想听人弹琴，您能帮帮我吗？"

"姑娘，我非常乐意效劳！"这个陌生人温文尔雅地回答道。

"实在是太感谢了！"女儿激动得不知所措。

陌生人跟着女儿进了小木屋，这时，老人已经奄奄一息。陌生人搬了张凳子在老人面前坐下，他满怀诚意地望着老人的脸，说："老人家，您说吧！您想听什么音乐？我可以为您弹，我愿意用艺术的力量，让您感受到自由飞翔的快意与轻松。您可以想着您生命历程中最美好的人或事。说吧！您现在想到了什么？"

老人露出满意的微笑，他用尽力气颤巍巍地说："我想到了我的妻子。第一次见到她的时候，是在春天的草原上，她笑靥如花地走向漫山遍野的野花丛中。我一下子就爱上了她……先生，你不会觉得我是白日做梦吧？到现在了，我还想着几十年前的美事。"

"不，先生，您的想象非常美妙，我已经被您描绘的景象深深吸引了。我要用琴声把您想象的场景真实地再现出来！"

说完，陌生人来到木屋的角落，那里有一台破旧的古钢琴，陌生人在琴前坐下。

他开始按下琴键，一股温暖的风从琴箱吹出，一股淡淡的清香从琴键上散发出来，整个小屋弥漫着一股氤氲之气。

陌生人接着演奏，这时，老人的眼前出现了一片碧绿广袤的大草原，草原的尽头是郁郁葱葱的森林，森林的尽头是银白生辉的雪山。

陌生人继续演奏着，老人听到了草原的风声，听到了鸟叫，听到了潺潺的河水在欢快地奔流。老人开始喃喃自语："先生，我看到了，我也听到了，我看见了我和妻子第一次约会。在那家精致的咖啡厅里，妻子因为紧张打翻了一罐牛奶，她的脸色绯红，像灿烂的桃花……"

陌生人的指法如行云流水，慢慢地，木屋变得明亮起来，透过木屋的窗户，可以看见湛蓝的天空，温暖的阳光从窗外射进来，木屋的地面上开出鲜艳的花朵……

老人兴奋起来，他的喘息变得急促，他大声说："我看到了，我看到了我的妻子，我看到了世界上最美的草原、雪山和鲜花……"

老人忽然抓住陌生人的手，喘息着问："年轻人，谢谢你。我生活在维也纳这个音乐之都，听过很多优秀的音乐家演奏，但你的音乐才华是我从来没有见过的，你叫什么名字？"

"老人家，我叫沃尔夫冈·阿玛德乌斯·莫扎特。"陌生人彬彬有礼地回答。

"哦，莫扎特，原来你就是莫扎特——世界上最伟大的音乐家。我这一生最大的愿望就是能听你演奏，我还以为自己要带着这个遗憾离开人世了，没想到，在我临死前，我终于听到了世界上最伟大的音乐家为我一人演奏的音乐……”

几天后，老人安详地离开了人世……

莫扎特不但以他出神入化的音乐才华征服了世人，而且以自己谦逊、认真的态度为我们立了一个高耸入云的标杆。以莫扎特音乐大师的身份，他完全可以拒绝老人女儿的请求，可是，他满怀虔诚地答应了，然后又用自己的高水平演奏让老人如痴如醉。想象着莫扎特坐在一个小木屋中，为一个行将离世的老人演奏世间最美妙的音乐的画面，我不由心生感动。

再想想我们自己，当我们在事业上取得一些成就时——哪怕是芝麻绿豆那么点儿大的成就——我们就开始飘飘然了，甚至不知道自己该怎么说话、怎么做事了。

看看娱乐圈的某些大牌明星吧！别说让他们为一位老人单独演出，就算有偿演出，他们也要就出场费问题讨价还价一番。演出时，稍有不如意，他们要么罢演，要么无故迟到，让观众久等。他们的做事态度和莫扎特相比，就像蚂蚁与大象，完全不在一个层次。

也许，正是因为莫扎特这种谦逊、认真的做事态度，才成就了他超凡的音乐才华。

年轻的你应该怎样效仿莫扎特，做一个让人尊敬的人呢？就让我从态度对成功的重要性谈起吧！

1. 宁做乌龟，不做兔子

那些在世界上享有盛誉的经济领域的巨子都信奉这句话：态度决定一切。

乌龟和兔子赛跑的故事，想必大家都听得耳朵起茧了，可是，如果问一声："为什么兔子输了，乌龟赢了？"你一定会回答："因为兔子骄傲了，而乌龟一直在坚持走。"

回答正确，但只说到了表面，没有说到核心。其实乌龟得以逆转超越百米冠军兔子，说白了，就是态度问题。

有些人瞎折腾半天也没干成一件事，而有些人只用几分钟就把任务搞定了。如果这两人能力相同，那会是什么原因导致了两种截然不同的结果呢？

还是态度问题。那个瞎折腾的人精神不集中，思想杂乱，当然干不成事情，而那个完成任务的人自然是精神集中，全力以赴，结果打了个漂亮仗。

很多时候，人们在努力做一件事情或是想要达到一个高度时，起决定性作用的，往往不是这个人的实际才能，而是他在处理这件事时的态度。

有一个常被引用的故事。三个建筑工人在砌一面墙，一个人走过来。他问第一个工人："你们在干什么？"第一个工人爱理不理地回答："没看见吗？我在砌墙啊！"他又问第二个工人："你们在干什么？"第二个工人看了一眼这个爱管闲事的人，回答：“我们在建一座楼房。”接着他又问第三个工人：“你们在干什么？”第三个工人放下手中的瓦刀，看着远处回答道：“我们在建一座城市。这个城市将会有大型的商业大厦，有幼儿园，有医院，有停车场。到时候你可以在这里尽情地享受生活。”十几年后，第一个工人仍旧在建筑工地上砌墙；第二个工人坐在办公室里画起了图纸，成为了一名工程师；第三个工人则成了一家房地产公司的负责人，而且还是前两个工人的老板。

第一个工人像个机器，他只知道接受别人发来的指令，他吝惜自己的大脑，害怕把大脑用坏了。

第二个工人像猎犬，与第一个人不同的是，他除了接受猎人的指令外，顺便多看了猎物一眼。

第三个工人才是一个想把事情做好的人，他不但动手，而且还积极思考。结果，他成了老板，而第一个人依然是机器，第二个人则升格成了工程师。

第一个工人的态度就是不停地在抱怨生活的不公。在他眼里，天下没有一只好鸟，全是乌鸦。乌鸦是黑色的，所以他的心情也是黑色的。

第二个工人的心态属于阴转晴。他容易受他人情绪的影响，不过，因为他还能看到生活中的阳光，所以，他的人生是向前走的，他能够到达自己的下一个目标。

第三个工人的心态最好。人最可贵的精神就是认真。第三个工人把砌墙这样的小事当作一项伟大的事业来对待，十年后成为老板也就不足为奇了。对于他来说，虽然当时的工作非常辛苦，生存状况也比较差，但是，他还是保持着自信和专注，对未来充满期待。心中有了那么多对美好事物的期待，自然就会更加努力地朝着梦想前进了。

这三个工人对问题的理解不一样，因此有了不同的答案。我在课堂上就经常跟同学们分享剧作家尤金·尤奈斯库（Eugene Ionesco）的话："启发我们的不是答案，而是问题。"

我们从故事中走出来，看看身边的芸芸众生吧！地球上有七十亿人，可如果我问：这七十亿人里，有多少人是把自己的工作当事业在做？肯定有很多人心虚了。

我们经常处在心浮气躁的状态，终日抱怨，这山望着那山高，会导致一辈子碌碌无为，一事无成。当然，也有很多人在自己热爱的行业和领域中做出杰出的贡献。所以，青年学子们必须要树立一个观念，就是在当前竞争激烈的社会中，要想安稳地保有一份收入，必须发掘自己的潜能，在一个行业或是领域中拥有自己的专长和优势。

企业人士艾丽·鲁宾（Ellie Rubin）所著的《梦想的写实主义》一书中，提到一个很好的观念——IPO。此处的IPO并不是指股票首次公开上市（Initial Public Offerings），但有类似的含义，它指的是独立专业的提供（Independent Professional Offerings）。

大学毕业时，我们实际上就相当于一支等待上市的新股票。我们的成长性如何，就在于我们能否经营好自己。

如果我们脚踏实地地向前走，我们就会给投资者——老板以高额回报，当然，老板也不会在薪水上亏待我们；但如果我们眼高手低，弄虚作假，那么不但得不到想要的薪水，还有可能被退市。

比如，面对半杯水，悲观的人会说："真不幸，只有半杯水了。"而乐观的人则会说："真幸运，还有半杯水呢！"引发两种人悲伤和快乐的原因，并不是杯子里水量的多少，而是他们看待问题的不同态度。因为有不同的态度，所以不同的人所达到的高度和所取得的成就也就各不相同。做任何事情都是如此。很多时候，一个人的态度，就决定了这个人能否把一件事情做得更完善、更完美，同时，也决定了一个人能否走上更高的职位，拥有更好的生活和更加健康、快乐的心态。

每个人都知道什么态度是正确的，但问题在于正确的态度能坚持多久？下面的例子可以鼓励、回答大家。肯德基创办人桑德斯上校六十六岁的时候创业，直到七十多岁才成为富翁。创业期间，很多人劝他放弃，但他不为所动。在一共被打了一千零九次的回票后，他才终于得到认可，实现了他的人生理想。百折不挠的人生态度，真的能决定人生的高度。

2. 认真是成功的起点

中国有一个成语叫“得意忘形”，它提醒我们，不要羽翼一长满，尾巴就翘起来。

可惜，人性中似乎有一种顽强的逆反心理。老祖宗的话是有道理的，可我们偏不按老祖宗说的去做，却喜欢去学孔雀的做法。孔雀是怎么做的呢？只要观众一多，孔雀就骄傲，就不好好走路了，而是时不时把尾巴翘起，结果露出了屁股，让观众很倒胃口。

我们要好好走路，把自己从事的职业看得至高无上，任何时候都要用虔诚的心态去顶礼膜拜，这样事业才不会把你抛弃。

有两个女孩同时到一家大公司应聘经理秘书，其中一个人很幸运，面试之后，很顺利地坐上了经理秘书的位置，另一个则只做了普通文员。但是，成为经理秘书的女孩并不懂得珍惜，以为自己很了不起，一切的好运都是应该的，所以，她很不珍惜自己的工作机会，平日里工作非常散漫。

有一次，经理给另一家公司发了一封电子邀请函，可是，连发了好几次都被退了回来。经理很纳闷，就问秘书究竟是怎么回事。秘书一副很不在意的样子，漫不经心地说：“可能是对方邮箱满了。”一周过去了，经理仍然没有收到那家公司的回复。经理又问秘书，她的回答竟然还是对方邮箱满了。结果，公司失去了与那家公司筹备已久的合作项目。

经理一气之下就辞退了这个秘书。

接到解雇信的时候，这个女孩才明白，自己原本拥有的一切并不是固有不变的，因为没能好好珍惜这个机会，导致自己被公司解雇，现在后悔也来不及了。而那个被安排做了办公室文员的女孩并没有因为一时的不如意而抱怨，更没有自暴自弃，而是倍加珍惜做文员的机会，努力工作。虽然每天的工作就是负责收发传真、复印文件，但她仍然抱着积极的态度投入到工作中，因为她觉得这样的机会来之不易。她工作非常认真，上司和同事交代的事情她都能准确及时地完成。

有一次，经理让她复印一份合同，因为要急用，经理让她快点复印。细心的她习惯性地浏览了一遍合同。当经理不耐烦地再次催促她的时候，她指着一处错误给经理看，经理看完之后吓出了一身冷汗，原来是一个数字后面多了一个零。她的细心使公司避免了几百万元的巨大损失。由于表现突出，再加上在同事中的口碑很好，很快她就被提升为经理秘书。

同样是秘书，前者虽然在一开始的时候拥有好的机会，最终却被辞退了，而后者一开始并不顺利，最后却把握住了机会得到了提升。这究竟是什么原因呢？

其实原因显而易见，就是态度问题。前者虽然一开始就拥有好机会，但是作为秘书，竟然一周都不核查邮件未发出的原因，这是什么工作态度？这样的工作态度，哪个老板都无法接受。

后者则恰恰相反，不管刚开始的工作岗位是否理想，她都能认真对待，珍惜每一个机会。对自己分内的工作是如此，对分外的工作也非常认真，还及时为公司挽回了一大笔的损失。正是这种责任心，这种珍惜工作、热爱工作的态度，决定了她能站在一定的高度，走上更高的职位，获得更好的发展机会。

有学生毕业前问我：“老师，可否告诉我们什么才是最好的工作态度？”我这么回答：“请以经营事业的态度来从事你们的工作。”以这种态度工作的时候，你会把工作当成自己的家业全力以赴，而不会得过且过、敷衍了事，因为，这是当老板与当员工的差别。若能以当老板的心态来当员工，你的心态将完全不同，你会珍惜所有的事物，也必将获得更多的肯定与信赖。

3. 想当将军的兵

拿破仑有一句名言："不想当将军的士兵不是好士兵。"

将军当起来多惬意，因为，梦想已经实现了。可是，当一个想当将军的士兵却很辛苦。

为什么想当将军的士兵很辛苦呢？原因很简单，心里有梦想，可梦想却离自己还有十万八千里，这种精神上的折磨可想而知。

想当将军的士兵虽然很辛苦，但很有潜力。想当将军的士兵就像一个皮球，不停地往里吹气，皮球总有被气充满的一天。只有被气充满，皮球才能成为皮球，才能对别人有用。

而那些不想当将军的士兵更像是一个蔫蔫的臭皮囊，只能摆在角落，弄不好哪天就被人当垃圾清理了。

很多时候，人都是因为有目标才会积极进取，继而获得成功。

世界著名的未来学家约翰·奈斯比特说过，在信息化时代，人们最需要的技能就是学习如何思考。科学合理的思考往往决定一个人的取舍。成功有时仅仅在于捕捉到了被别人忽视的机遇，而机遇的捕捉，关键在于是否具有强于他人的思考力。

每个人都有一个大脑，所以，每个人都有思考的潜力，重要的是你愿不愿意把这种潜力变成一种能力。

懒惰而平庸的人往往不是不愿意动手脚，而是不愿意动脑筋，这种不良习惯严重影响着他们走向成功的可能性，因为他们的大脑已经处于下课的状态。

相反，那些能成就大事的人，一般都养成了勤于思考的优良习惯，善于在日常生活中发现问题、解决问题，甚至会合理调节各种因素，把问题变成新的机遇。

世界上任何一个有意义的构想和计划，都出自于人的思考。每个人都能思考，关键就看他是不是愿意进行思考。

有人曾经对我抱怨："我每天像蚂蚁一样忙碌辛苦，可是，一天下来就挣那么一点儿钱，而有些人每天就坐在办公室，挣的钱却是我的好多倍。这世界也太不公平了吧！"

其实，存在就是合理。你只看到别人坐在办公室里，可是，别人的脑细胞比你的手脚还忙，你知道吗？

看一看比尔·盖茨，你可能觉得他经营如此庞大的企业，应该是非常忙碌，无暇静下心来沉淀思考的人。事实正相反，这位蝉联世界首富十几年的人更重视思考的重要性。比尔·盖茨每年都会安排两周时间，称为"沉思周"（Think Week），让自己好好想想未来。越是在繁忙纷乱的世界，静心思考越重要。比尔·盖茨的安排非常值得每个现代人学习。

有资料显示，我们每天绝大多数的行为都是出于自己的思维定势，几乎每一件事里，都有被自己的思维牵制着的成分存在。

其实，你的大脑天天都在向你抗议，抗议你不能才尽其用。大脑才是你寻找宝藏的钥匙，可是，你却把它束之高阁。

你宁可相信别人，也不相信自己的大脑。看到别人买股票，你也买，结果，别人挣钱了，你却亏钱了，原因是你比别人晚了一天。

你宁可相信那些骗钱的所谓专家，也不相信自己的大脑。专家说生茄子能治病，你就天天买一大堆生茄子，结果病没治好，你倒可以开一个蔬菜店了。

我们为什么就不相信自己的大脑能解决问题呢?

在我们身上，好的思维模式与坏的思维模式通常是并存的，改变我们生活的手段就是改变我们的思维模式。遇到事情的时候，在做出处理意见之前，我们先试着用两种不同的思维方式进行分析，做出判断，再根据不同的判断得出不同的结果，得出正确结果的那一种思维模式就是我们要培养的思维模式。坚持一段时间之后，你就能在潜移默化中改变自己的思维模式，让它朝着有利于自己的方向发展。

现代企业特别标榜创新的重要性，创新的本质就是思维方式的活化与不受束缚。

我很喜欢悬挂在香奈儿巴黎总部办公室内的一句很经典的话：创造，并不是一个民主程序。它告诉我们绝对要有活泼的思想，而不要受到条条框框的局限。这在现代社会尤其重要。

我在课堂上常跟学生说："你的心有多高，你就能飞多高。如果你认为你行，那你就一定行；如果你觉得你不行，那你就一定不行。"成功和失败往往就在一念之间。一个人能否获得最后的成功，就看他对待事业的态度，以及在这种态度下所能上升的高度。成功人士与失败人士之间的区别，就是成功人士始终用最积极的思考、最乐观的精神和最丰富的经验支配和控制自己的人生，他们总是能看得更高，想得更远；失败者则刚好相反，他们的人生总是被过去的种种失败与疑虑所引导和支配，他们看得不高，想得也不远。

4. 积极的充满热情的心态

热情就是生产力。

我们喜欢春天碧绿的草地，却不喜欢秋天凋落的黄叶。为什么？因为绿草充满热情，而黄叶则预示着死亡。

我们喜欢看斗牛场奔突、怒吼、咆哮的公牛，却不喜欢看被圈养的耷头蔫脑、四肢无力的懒牛。为什么？因为公牛热情的生命力唤醒了我们的斗志。

我们的心是一盆炭，能否让这盆炭熊熊燃烧，就在于我们是否愿意向这盆炭中投进一粒火种！

可惜的是，我们有时候不是扔火种，而是倒了一盆冰水。这盆冰水让我们的心变得冰凉，也让我们的身体变得冰凉。

有时候，正是因为我们内心冰凉，才被老板炒了鱿鱼。其实，老板是在告诉我们，他想把我们的心炒热一点，然后再去工作。

不管工作还是生活，其实都一样。当你对它抱有热情，每天都处于兴奋的状态时，你就获得了最好的工作和生活状态。只有这样，你才能让工作成为一种兴趣、一种享受，才能更容易做出成绩。

人都有七情六欲，难免会因为某个与自己不投缘的人，或是某件觉得不公平的事而不开心，以至于影响工作。更有甚者，一些城府较浅的人不懂得掩饰自己的情绪，很容易让别人看出自己的内心世界，这样轻则会被有心人利用，重则毁了自己的前途。

即使没人在意你的不良情绪，这种不健康的情绪也很容易影响你的决策，让你在不理智的情况下做出错误的、让自己后悔的决定。

老板都希望自己的员工能够保持一种时不我待的“从紧”“从严”心态。

当然，这里所说的“从紧”并不是对自己保持高压，恰恰相反，“把握当下，行在今日”是尽快释放压力最有效的方法。小时候，我们都有一种体验，就是在假期刚刚开始的时候，早早地做完作业，目的是可以在后面的时间里过一个没有压力的长假。一些喜欢把工作留到明天再做的人，在降低工作效率的同时，也没休息好，因为他在休息时还想着工作，休息的质量就打了折扣。他们虽然在休息，但心里明白，事情总归是他自己的，早晚都要做。

过去的已经成了历史，将来还都是未知数。明智的做法是保持积极、热情的心态，把握好今天，把握好当下，不要给未来增添负担。

“从紧”的工作习惯实际上也是执行力强的一种表现。古语有云：“敏于思，成于行。”实干胜于空谈，积极、热情地提前完成工作总归是一件好事。

当然，“从紧”的工作作风要求我们除了要对工作抱有热情之外，还要合理地规划时间，懂得区分事情的轻重缓急。

很多时候，成功人士之所以能够成功，就是因为他们能够及时调整心态，将压力转化为动力，将消极、失败的想法转化为积极、奋进的努力。

要培养积极、热情的心态，可以从以下几个方面入手。

第一，经常做一些肯定的自我评价，增加自己的信心；有意识地培养积极的自我意识，以适应目前这个竞争激烈的社会。

第二，在描述自己感受的时候，多使用一些积极向上的词语，诸如愉快、兴奋等。举个例子，当有人出于关心问你“感觉怎么样”的时候，你可以微笑着说：“虽然我很累，但因为我的努力，工作看到我就很害怕，所以我很快乐，很充实。”这样的心理暗示会起到潜移默化的调节情绪的作用。久而久之，整个人生也就会变得积极、热情起来。

第三，要经常播报好消息。我们都曾有过这样的经历，就是在某种场合对大家说：“我有一个好消息。”这时，所有人都会停下手里正在做的事情望着你。好消息除了引人注意以外，还能引起别人的好感，激发大家的热情与干劲儿，甚至帮助消化，让你胃口大开。

第四，经常说一些积极的话来鼓励自己或别人。其实，每个人内心深处都渴望被人肯定、被人赞美，很多时候，一句赞美的话就能制造出温馨而甜美的环境，让身处其中的人都能感受到一股神奇的力量，使得自己的生活也变得积极、热情起来。

第五，用积极的话语讲述观点和计划，让听到这些话的人能从你的话语里面感受到一种对未来充满希望的美好感觉，他们的行动、反应也会跟着受到积极的影响。

第六，要保持健康的身体，因为，身体健康是保持热情的基础。一个人如果行动充满了活力，他的精神和情感就会充满活力。很多推销员、教师、商界精英人士及其他成功人士，每天一早起来就做一些适当的运动，像柔软操、慢跑或骑自行车等，就是为了保持精力和热情。

热情不但可以提升我们的职业竞争力，而且还能提高我们的生命力。中年人经常有这样的体会，年纪越长，热情也越萎缩。虽然有人说年龄越大热情越少是成熟，是好事情，可是你千万不能当真，因为这绝不是好事情。

想想看，如果你连对事情的热情都没有了，那么，你的生命还剩下什么呢？

热情是引擎，若没有热情，我们的内心会欠缺驱动力量。尤其是年轻人，更要在进入社会之后保持热情，让这把热情之火永远燃烧不灭。

Part 4
创 新

苏联打破规则的太空火箭

给年轻的自己

没有看不厌的风景，没有吃不腻的美味。我们常把“喜新厌旧”当成人类的缺点，但事实恰恰相反，喜新厌旧不是人类的缺点，而是推动人类社会发展与进步的源泉。

如果你问，在科技高度发达的今天，我们还需要创新吗？那么，我可以回答你：创新有结束的时候，但是，创新结束的条件就是我们已经探知了宇宙的尽头。又一个问题摆在了我们面前：宇宙有尽头吗？

宇宙无尽头，因此，创新亦无极限。

创新并不是推翻前人的成果另起炉灶，而是沿着前人走过的路，去开辟新路。有时候，创新的意识往往比创新本身更重要。

当创新的意识已经成为一种潜意识，当创新的行为已经成为一种习惯，那么，创新才真正从根本上影响你的人生。

20世纪中期，世界上有两个巨无霸，一个是美国，一个是苏联。这两个国家都想当老大，但是，老大只有一个。两头牛决斗，比的是谁的角尖；两个武士决斗，比的是谁的剑快；两个国家决斗，比的就是谁的军事实力强，而军事实力的强弱首先表现在太空火箭技术的研制水平上。所以，美苏两国都在火箭研制上卯足了劲儿，想用火箭让对方弯腰。虽然双方在火箭研制上有了一定的基础，可是，无论他们如何严格地依照火箭发射的规则来进行试验，新型火箭的研制进度始终不尽如人意。

实际上，这两个“准老大”之所以在火箭的研制上不顺利，关键是他们只知道认死规则，不懂得灵活变通。他们在火箭的发射过程中习惯性地运用串联的规则，致使火箭始终无法冲出地球的引力。尽管美苏都想了很多办法，但是，他们的脑子还是在串联的规则里打转，而且转进去似乎就出不来了。就在两国众多专家为此伤透脑筋、一筹莫展时，苏联的一位青年科学家在某次会议上提出了一个大胆的设想：只串联上面的两个火箭，下面的火箭则将二十个发动机并联起来。在场的人员都很诧异，二十个发动机重量不轻，如果用二十个发动机与下面的火箭结合的话，是否会因为火箭过重而再次发射失败呢？在场的专家们不能确定这个方案是否可行，但又认为这确实是一个大胆的假设，值得冒险尝试一下。

后来，经过严密计算、论证和实验验证，苏联采用了这位才俊的计划，并终于取得了成功。原来，并联多个火箭能使火箭的初始动力和速度大大提高，从而摆脱地球的引力，飞向太空。这样，苏联就在这场火箭PK大赛中取得了胜利。

实际上，将火箭的串联改为并联，技术难度并不大，难的是过“人”这一关，因为那些约定俗成的规则把人们的思路给束缚和限制住了。人们躺在这些规则里睡大觉，习惯了坐享其成，不愿意再从这些规则里走出来。

于是，在科学技术发展的进程中就出现了一个奇怪的现象——许多技术、原理上的新突破都是由门外汉取得的。

这样的例子多如牛毛。

我们天天教育孩子要经常洗手，因为手上会有很多细菌。但是，如果问你能看到细菌长什么样子吗？你一定说："看不到，但是，从显微镜中可以看到。"那如果再问你一个问题："你知道这个世界上是谁第一个看到细菌长什么样子的吗？"你可能回答："当然是科学家了。"那你就错了。第一个窥得细菌真容的根本不是科学家，而是一个门卫。

这个人叫列文虎克（Leeuwenhoek）。列文虎克是荷兰人，生活在17世纪。列文虎克小时候，家里穷得一塌糊涂。他的父亲在他很小的时候就去世了，他在母亲的抚养下，读了几年书。十六岁时，列文虎克就辍学了，他做过学徒、门卫，工作之余，他对磨镜片产生了浓厚的兴趣，他想："从透镜里看到的东西比我们用眼睛看到的大多了，要是我能把镜片磨得足够好，那会看到什么呢？"于是，他忘乎所以地磨，终于磨出了透亮的镜片。他把镜片对着一块金属板，结果，他看到了细菌。于是，显微镜就这样被发明了。

为什么许多科技发明都是由门外汉实现的呢？因为这些门外汉的大脑里没有太多的规则、公式、原理，他们在进行研究实验时，想到的不是应该怎么样，不应该怎么样，而只注重看到了什么，发现了什么。所以，他们往往在一些专家认为"不应该"的地方发现了"应该"的东西。这就是那些门外汉成功的原因。

规则是我们做事的依据，但是，我们对规则要有正确的理解。规则是人制定的，既然是人制定的，那就有变通的可能。另外，规则是一个相对概念，它不是永恒的。一个小孩每天吃一两饭，这是规则，可这个规则是随着这个小孩年龄的增长而不断变化的，当这个小孩20岁的时候，你还让他吃一两饭，那么，他不是发育不良，就是饿死。所以，当旧规则不能适应新情况的时候，我们就应该换换脑子，从一个全新的角度去看待规则。就像那位年轻的苏联科学家一样，此路不通就另辟蹊径，虽然在方案提出的初期会受到众多人的争议、怀疑，但只要经过反复地推敲，就有可能制订出一个可行、有效的好方案。在日常生活和工作中，人们都习惯于按照既定的规则和习惯处理日常事务，这些既定的规则虽然可以省去我们试验和摸索的过程，但是，当情况发生变化时，它往往会成为一个很大的障碍。这时，就需要及时地打破既定的规则，否则，我们就只能在旧的规则里故步自封，原地踏步。

1. 在不合理制度下被饿死的法官

这是一个规则横飞的时代。人类从猿进化成人花了几百万年，但是，从第一次工业革命到现在的短短几百年时间里，人类取得的科技成果远远超过了有文字记录以来的总和。世界在不停地变化，人类煞费苦心建起来的规则当然也要不停地改变。如果规则不能适应人类社会发展进步的脚步，那么，它就成了一条束缚人们思想的绳索。我们必须剪断它才能继续推动人类的进步。

我们通常将既定的规则分为法律的规则、社会的规则和自己强加的规则。

法律的规则通常黑白分明，具有某种意义上的刚性。法律在一定时间内要保持相对稳定。虽然各国在社会发展水平、历史文化等方面存在很大差异，但是，当经济全球化趋势加强，政治、经济、文化交流日益广泛时，各国就应该相互借鉴，取长补短，以改革不合时宜的法律规则。因为，在全球化的今天，没有哪个国家敢说自己的法律就是最完善、最完美的，所以，调整完善本国的法律，使法律更好地为国家发展服务，就成了一种时代需要。例如，一个低水平的发展中国家因为国土资源有限，人口基数很大，其生产力的发展远远不能满足人民生活水平提高的需要，在这个时期，国家制定的控制人口数量的法律规则就是与这个国家的国情相适应的。经过若干年的发展，这个国家的经济已相当发达，但是人口的老龄化问题日益凸显，人口结构已严重失衡，那么国家就有必要调整既定的法律规则，颁布和实施新的法律规则，来适应其发展的需要。

20世纪40年代，日本的法官饿死事件在日本国内引起了很大的轰动。事情发生在1947年10月，死亡的是东京地方法院的法官山口。当时日本国内的粮食供应极度紧张，法律却明文规定禁止购买黑市的粮食。身为执法人员的山口，曾对违反国家法律倒卖黑市粮食的人做出有罪判决，所以，虽然他饿得前胸贴后背，但他恪守法律，不买黑市的粮食，最后被饿死了。有人认为导致山口死亡的罪魁祸首不是他所具有的执法人员的身份，而是日本当时实施的《粮食法》。

当然，这仅仅是部分人的看法。通过对整个事件的了解，不难看出，在那个环境下，禁止粮食黑市交易的规定是很有必要的，因为它阻断了黑市交易渠道，有效遏制了囤积居奇、哄抬粮价的不良行为。如果没有这个法律，日本的穷人就会连供应粮也买不到，那就会有更多人饿死，所以，法官饿死的关键问题不是《粮食法》，而是法官薪酬制度的不合理。当时，法官的工资很低，也没有医疗保险和住房、交通补贴等福利。山口的工资属于第十八级，每月的税前工资为三千日元，税后工资更低得可怜。也就是说，法官一边帮民众断案，一边自己却面临着生存危机。

这件事情引起了日本社会的高度重视，于是，日本最高法院院长三渊向最高司令提交申请，要求日本政府修改现有法律，完善法官薪酬制度，保障法官的待遇。从此，日本开始了法官薪酬制度的修改和完善。今天，日本法律对法官的薪酬保障已经达到了相当完善的程度，法官的平均月收入在一百万日元以上，最高法院的首席法官月收入高达二百三十万日元。除此之外，法官还享受医疗、住房、交通等补贴，生活得到较好的保障。

我们举这个例子想说的是，如果法律不能让人们更好地生活，却让人们活得更憋屈，那么，这个法律就背离了人们制定法律的初衷，必须得调整而使之适应时代需求。

2. 打破字母排列顺序的键盘

社会规则包含了世俗伦理道德对人们的约束。如果说法律是金刚石，那么，社会规则就像皮球，金刚石具有刚性，而皮球则是有弹性的。有些人看电视剧或小说时，不但不会批评那些感情出轨的人，反而还会为这些人找借口，说他们是至情至性。但如果这种事情发生在自己身上，那他们的评价标准就变了，他们会用“道德败坏”“无耻”“下流”这样的词汇骂那些“奸夫淫妇”，恨不得将他们碎尸万段。也就是说，社会的规则往往带有很强的主观色彩，环境不同，时间不同，我们心里的社会规则也会不同。

社会规则的种类有很多。在家里，我们要按家庭规则做事；在学校，我们要按学校制定的规章制度做事；在公司，我们要按公司老板制定的规则做事。在社会交往中，我们的脑子里也满是规则，比如，参加葬礼时不能笑；给学生上课不能穿袒胸露背的衣服；吃饭时不能打嗝、放屁；做生意只能赚钱不能赔钱，等等。很多时候，我们被形形色色的社会规则牢牢捆住，我们的大脑不是在思考问题，而是在思考规则，我们陷入了规则的海洋，我们的创新思维也被这形形色色的社会规则淹没了。

19世纪70年代，美国发明家肖尔斯设计出世界上第一台商用打字机。为了方便打字员迅速找到各个字母的位置，提高工作效率，当时的键盘采用的是以英文字母的先后顺序排列的人机界面。然而，这个打字机投入使用不久，就有许多用户向肖尔斯公司提出了意见：如果打字员的打字速度太快的话，按键就会撞在一起。为了解决这个难题，公司管理层要求工程师们尽快找到解决方案。工程师们研究讨论了很长时间，也找不出什么好办法。后来，一个人说："如果打字员的速度慢下来，按键是不是就不会撞得那么厉害了？"这个提议让工程师们受到了启发。于是，工程师们制定了这样一个解决方案，即不再采用按英语字母的先后顺序排列的人机界面，而是把英语字母中最常用的字母打散，进行随机排列，重新组合。例如，字母"O"和"I"在英语中的使用频率都是很高的，但工程师们却把它们放到由灵活性较弱的手指敲击的位置，这样，打字员击键的速度就会减慢，从而避免了按键挤撞现象的发生。从此，低效排列组合的键盘诞生了，这个不同凡响的创意解决了按键的撞击问题。自从这个解决方案诞生后，打字机不再是打字员的噩梦，当然，肖尔斯的公司也成为了这个新技术的最大受益者。

通过这个事例我们可以看出，肖尔斯采用按照英文字母顺序排列方案的初衷是为了给用户带来方便，提高用户的工作效率。显然，肖尔斯只注意到了提高工作效率，而忽略了用户的实际感受，也可以说，肖尔斯被传统的规则绑架了。当社会规则被普遍应用时，人们往往会惯性地依顺规则，而想不到突破规则，这其中有着深层次的原因。首先，依顺规则可以使人们得到更多的社会认同；其次，依顺规则迎合了人们潜在的思维惰性，因为突破规则意味着人们要付出更大的努力和进行更多的尝试。正是在这双重因素的作用下，人们在面对问题时，更多地选择了依顺规则。但是，请记住，在你选择依顺规则的同时，你也可能选择了平庸。

社会规则是人们在长期的社会生产和生活中约定俗成的。毋庸置疑，社会规则对规范社会生产和生活秩序，融洽人与人的关系有着重要的作用。但是，随着信息化社会的来临，人们的生产生活节奏越来越快，新事物、新问题也层出不穷。以前，上网看新闻是件很时髦的事情，可是现在，电子邮件、视频聊天、博客、微博这些网上新宠早已经进入寻常百姓家。在这种社会背景下，社会规则有时会成为我们思维的障碍。

突破规则需要勇气，就像改革需要勇气一样。选择墨守成规就像伸个懒腰打个哈欠一样容易，突破规则却像把脖子扭转三百六十度一样难，但是，只要我们迈出怀疑规则、突破规则的第一步，就能走进一个常人难以看到的神奇世界。请记住，你在突破规则的同时，也突破了自己。

3. 大脑强加给自己的框框

自己强加的规则更多地反映在我们对外界事物的心理反射层面。在生活和工作中，为了使自己的言行、能力、气质、态度等能够达到预期的状态，我们经常给自己强加一些规则，有时候，我们也会在别人的影响下，给自己强加一些约束和条条框框。随着自加规则的不断强化，它会逐渐融入我们的生活和工作中，并且开始固化，而一旦固化，要打破它就难了。因为，当自加的规则在大脑中固化后，我们的大脑中就有了一把标尺，遇到事情该怎么做，我们会立刻与大脑中那把标尺进行反复比较。这样一比较，我们做事情容易了，可我们的大脑也失去了深入思考和反向思考的动力。可叹的是，当被强加给自己的规则禁锢的时候，我们不但不自知，还经常乐在其中。

这些既定的规则会将我们的思维定格在某个水平上，然而，我们也不得不承认，这些既定规则在特定时期、特定情况下，对我们为人处世是很有帮助的。我们在处理事情的时候，既要合理地运用规则解决问题，又要冷眼看到规则对我们的局限性，让自己始终驾驭规则，而又不为规则所缚。也就是说，对于规则，我们要有一种哲学的智慧。

既定规则的束缚对于思维创新无疑是有害的。首先，它严重限制了人们解决问题的思路。依据既定的思维规则可以简单、迅速地解决大量的常规问题，这就容易使人们产生规则能够解决所有问题的错觉，继而产生懒惰心理，拒绝思考更有效的方法了。一旦遇到非常规的问题，人们的思路就在既定规则的框架里打转，而很难跳出这个框架，尽管既定规则的框架外面有有效的办法，甚至是更为简单方便的办法。这就是运用既定规则最大的悲哀。其次，既定规则对于思维活动的创新不仅是个巨大的阻碍，而且还具有很大的破坏性。一般而言，新技术、新思想、新方法往往同现有的技术、思想、方法存在矛盾，一旦新技术、新思想、新方法开始形成和传播，原有的种种理论就会被否定、淘汰。在这种情况下，既定规则往往扮演着旧势力卫道者的角色，它会用尽所有的手段阻拦、限制人们思维的创新，甚至想尽一切办法去破坏人们的思维创新。如果既定规则掌握在权威人士手中，那么新成果、新方案就会被扼杀。

物理学家富尔顿在研究中测量出了固体氦的热传导度，但是，他的测量结果比理论计算值高出了五百倍。富尔顿大吃一惊，这差距也太大了吧！他心里开始嘀咕："要不要把这样的测量结果公布呢？如果公布，可能会引起科学界的轰动，但也可能被认为是哗众取宠，招来非议和指责。"经过反复考虑，富尔顿选择了放弃。他把自己的研究成果束之高阁，又去研究别的东西了。没过多久，一位年轻的美国科学家在实验的过程中也测量出了氦的热传导度，而且测试结果和富尔顿的一模一样。但是，与富尔顿不同，这位年轻的科学家果断决定将测量结果公之于众。这项科研成果引起了科学界的广泛关注。更加可贵的是，这位年轻的科学家并没因此而骄傲，而是不断地探索、研究，最终研究出一种新的热传导度的测量方法。得知这个消息之后，富尔顿后悔不已，他的固守成规使他与科学界的一次重大发现失之交臂。

体育界名人杜根有一句话：你认为自己被打倒了，那你就是被打倒了；你认为自己屹立不倒，你就会屹立不倒。外部的规则不可怕，可怕的是我们内心深处的藩篱。

富尔顿之所以固守成规，裹足不前，正是因为他在自己的心里强加了一圈栅栏。富尔顿并不知道自己心中的栅栏，他很习惯地用外部的规则为自己怯弱、退缩的行为找到了一个绝妙的借口。

资历、名气、虚荣心是为富尔顿的心里强加规则的罪魁祸首。

正是由于心里坦荡，无所挂碍，所以，那位年轻的科学家才做了富尔顿不敢做的事。

4. 布鲁诺被烧死在罗马鲜花广场

规则的魅力来自人们对它的敬畏之心，但是，规则的魅力更来自规则的不断更新。

繁忙的马路上，当车辆与行人按照交通规则各行其道时，我们可以感觉到一种规则之美。

但是，在看到规则之美的同时，我们也要看到，规则既给我们带来便利，也会带来一些副产品——思维定势。

思维定势是人类创新的大敌。

我们要有信心、有勇气突破思维定势。

规则是有时效性的。规则是在特定时期、特定环境下产生的，当环境发生变化时，规则也要做相应调整。

在发现规则已不能适应社会发展的时候，要敢站出来对它说一声“不”！

规则有时也会被利益集团利用，沦为利益集团谋取利益的筹码。当有人想挑战规则时，很可能就损害了这些利益集团的利益，这时利益集团会调动一切可以调动的资源阻挠挑战者的大胆行为。有时，突破规则甚至要付出巨大的牺牲。

1600年，乔尔丹诺·布鲁诺（Giordano Bruno）被宗教裁判所判为“异端”，被活活烧死在意大利罗马鲜花广场上。但是，布鲁诺的灵魂仍然在天空飘荡，鼓舞着我们挑战传统，追求真理。

因此，打破规则时，往往需要巨大的勇气。

打破既定规则或固有的思维方式通常是有悖于传统的，然而，它却是一种极富批判性和创新精神的行为。

如果你只守着既定规则办事，那就会被不求有功但求无过的消极思想所左右，你的一生将平淡无奇，索然无味。如果你只守着平平淡淡的生活，那么，当你老去时，你只能说着“假如当时我能够……”徒自叹息。

那些能创造历史、改变历史的人，无一不是打破局限、突破传统的急先锋，他们的创新精神一次次让我们感动。

微软公司的创始人比尔·盖茨书写了20世纪最美丽的科技神话和财富传奇，他不仅是新科技的缔造者，更是敢于打破既定规则的表率。谈到比尔·盖茨的创业，大多数人都会想到知识、人际关系、营销手段等，其实，更值得我们称道的是他与众不同的思维方式。与一般的企业家不同，比尔·盖茨考虑问题和处理事情时，总善于从事物的另一个角度进行逆向思维。当时，大多数企业家认为，在信息时代，掌握大量的信息非常重要。但是，比尔·盖茨的观点是，对于企业家来说，把握未来趋势才是最重要的。于是，在很多人急于掌握信息的时候，比尔·盖茨却在分析世界的发展趋势，最终，比尔·盖茨掌控了计算机软件这个大趋势。他成为了世界首富。

比尔·盖茨喜欢与规则唱反调，但是，他的反调绝非为了作秀、炒作，也不是为唱反调而唱反调，他是基于自己独立而不受束缚的思考而唱反调。他成功了。

既定规则是解决问题的办法，但并非唯一办法，它是可以被打破的，尤其是在解决非常规问题时，它必须要被打破。

只要我们不被社会、他人和自己的既定规则所束缚，并且有意愿、有决心去打破它，我们就会发现，通往罗马的路不止一条！

有了打破既定规则的信心和勇气，我们还要有切实有效的方法。

打破既定规则，我们要充分认识到既定规则的相对正确性。既定规则是人们的认识发展到一定阶段的产物，它曾经适应过时代发展，顺应了民众需求，但是，当规则不能适应时代发展，不能顺应民众需求的时候，它就成了民众的负担！

因此，我们在面对规则时，既要对它怀有一颗敬畏之心，同时又要存有一颗质疑之心。

规则要随着时代的发展而发展，但是，谁来发展它？这就需要你、我、他这样一个个有着创新精神的弄潮儿！

要做敢于并善于打破既定规则的人，做到在尊重规则的同时，又不受规则的束缚。

打破规则需要创新，打破规则呼唤创新。面对这样一个五彩缤纷的时代，扪心自问：创新精神，我有吗？

在科学技术问题上，我们始终坚信，真理往往掌握在少数人手中。

爱因斯坦刚提出“相对论”的时候，全世界只有几个人能够看懂；哥白尼的“太阳中心说”刚提出的时候，被人们诟骂为疯言疯语。

因此，正确地看待既定规则，就不会被规则所累，不会被规则所缚，而且，要坚信以事实为依据的理论是正确的，要敢于接受人们的怀疑，善于和不同的思想进行交流、碰撞，在实践中激发出全新的思想。

作为一个独立的个体，年轻的你不要把遵守规则当借口。一个人若不相信自己能够做成一件事情，那么，这个人就永远不会“做”这件事情，更别说“做成”这件事情了。所以，年轻的你要敢于挑战自己，敢于铲除一切阻碍和束缚你的东西，突破传统的思维局限，做勇于打破既定规则的人。

5. 是什么推动了纺织工业的发展

可以说，人类就是自我不断创新的最伟大的成果。

第一次直立行走；第一次发现两块石头相撞可以碰出火花；第一次发现被雷电击中的野兽的肉质更加鲜香可口……在无数个第一次的牵引下，无数个第二次、第三次出现了。于是，人类的习惯开始改变，人类的文明开始发展。

令人遗憾的是，我们的创新基因正在一点点消失，在对孩子的教育中，尽管全世界都反复地提到创新精神的培养，但这仍然不能阻止孩子们创新意识的滑坡。

这不能怪我们的孩子，因为他们已经不像我们的祖先那样，生活在茹毛饮血的时代了。我们的祖先之所以孜孜不倦地创新，是因为他们的生活环境和生活条件极其艰苦，为了生存，他们必须和大自然做艰苦的斗争，为了在斗争中取得胜利，他们必须要创新。

可是，当人类文明发展到现在的信息化时代时，我们开始骄傲了，我们认为大自然已经被踩在了脚下，我们开始坐享前辈的创新成果而不思进取了。

我们真的不用创新了吗？未知领域真的已经被我们探索完了吗？

当然不是！我们的认知领域就像一个圆，这个圆越大，那么圆以外的未知领域就越大。

生命是有极限的，但是，人类的繁衍生息使得人类的生命不断延续，所以我们又可以说，生命是无极限的。

生命既然无极限，那么，我们的创新当然也没有尽头。

时代需要创新，要让自己的生命更加丰富多彩，我们也需要有创新精神。

与其说创新是一种行为，不如说创新是一种意识。我们必须要让自己身体里的每一滴血液都流淌着创新的基因。

观察日常生活，进行创新试验，收集和分析信息，是创新的三大源泉。

如果你是专业技术人员，那么，你可以通过创新试验、收集和分析信息来创新，如果你说："我没有办法进行创新试验和收集、分析信息活动，该怎么进行创新？"没关系，你还可以通过观察日常生活来培养自己的创新精神。

让我们看看纺织工业发展史中层出不穷的创新故事吧！

纺织工业是工业革命的基础，它是从18世纪的英国开始发展起来的，不过，当时人们还在手工作坊里纺线。

这里我们先说在纺织技术领域第一个有创新精神的人，他的名字叫约翰·凯伊，他出身并不高贵，只是一个普通的织布工人。1733年，他发明了一种飞梭，这种梭子之所以叫做"飞梭"，是因为它的织布速度比普通梭子快一倍。

约翰·凯伊的创新让人们的织布技术向前走了一大步。

有了飞梭，织布速度大大加快，这样一来，织布用的纱线就开始供应不上了。因为当时人们使用的都是原始的手摇式纺车，纺纱效率很低，所以纺出来的纱线根本赶不上织布的速度。很多织布厂因为没有纱线而不得不停工待料。解决纺纱技术又成了摆在人们面前的一个难题。

在这方面，第二个有创新精神的人就是约翰·怀特。约翰·怀特是一名工匠，他很爱钻研。他发明了一种新的纺纱机械，这种机械与手工纺纱最大的不同，就是不再让人们用手而是通过脚踩滚筒来纺纱。于是，人的手被解放出来。

约翰·怀特固然功不可没，对现代纺织技术影响最大的人却是詹姆斯·哈格里沃斯。詹姆斯·哈格里沃斯也是工人出身，他做过木匠、铁匠等，被人们称为“无所不能的人”。

哈格里沃斯在棉花厂做工的时候，看到纺车慢腾腾地纺纱，心里十分恼火，他很想把这个纺车改进一下，冥思苦想却无从下手。

一天，哈格里沃斯在家里思考改进纺车的事情，他的妻子正在纺纱，哈格里沃斯不小心把妻子的纺车撞翻了。妻子生气地责备他，可是，哈格里沃斯没有时间和妻子解释，因为他被翻倒的纺车吸引了。只见纺车翻倒后，从水平变成了直立，但纺车仍然在转动。这个意外的发现让哈格里沃斯如获至宝，他想，要是把许多竖立的纱锭排列在一起，用一个轮子带动，这样就可以一个人纺多个纱轮了。

这个奇妙的构思让哈格里沃斯兴奋不已，他反复琢磨，多次试验，终于设计出了一台新式的纺纱机。这种新式纺纱机可以用一个转轴转动八个纺锤，这样，纺织工人的效率就提高了八倍。

这次创新注定让哈格里沃斯载入史册，因为他的发明推动了英国纺织工业的迅速发展，拉开了人类工业革命崭新的一幕。

可以说，约翰·凯伊、约翰·怀特和詹姆斯·哈格里沃斯完成了一次堪称完美的创新接力。

创新就像是生命发展的维生素，人类一刻也离不开它。

现在，人类亟待解决的问题仍然像一堆乱麻，纷繁芜杂。艾滋病、超级病毒、恐怖主义、贫富差距……这些问题正困扰着我们，让我们的生命充满着诸多的不确定。

我们的大脑不只要用来学习前人研究出来的公式和定理，还要用来解决新的问题。我们要用不懈的创新精神去解决这些问题，尽管这些问题解决以后，还会有新的问题出现，但我们创新的脚步永远不能停歇。有创新，我们才能成为有潜力的人。

创新不是将来，而是现在，所以，创新精神的培养也应该从现在就开始。

Part 5
快　乐

卓别林寻求内心的本真

给年轻的自己

很多人都简单地认为，快乐与财富成正比。但是，当我们看到一个身家千万的富翁跳楼自杀，而一个卖菜的农民收摊后微笑着迎着夕阳回家时，我们会发现，快乐与财富没有必然的联系。

快乐是一种能力，是一种质量，是一种内化的东西，我们的错误就在于总是功利化地把快乐与一些不相干的东西捆绑在一起。

于是，我们的“娱乐”越来越多了，“快乐”反而越来越少了；我们四处寻找快乐，快乐反而消失得无影无踪。

一个最简单的事实就是，快乐就在我们心里。我们还需要大费周折地去四处寻找吗？

我们不快乐，恰恰是因为我们抛弃了内心，被外部世界所奴役。

将自己的快乐寄托在外部世界正是我们不快乐的原因所在。回归内心，不被外物所役，我们才能做一个快乐的人。

你知道我最羡慕的人是谁吗？你一定会说，我最羡慕的人要么是美国总统奥巴马，要么是微软董事长比尔·盖茨。如果你这么回答，那就错了。

告诉你吧！我最羡慕的是精神病院里的那些精神病人！

你一定会大吃一惊：精神病人有什么可羡慕的？难不成你也想成为精神病人？不然，你就是在说反话，看不起精神病人，用一种歧视的心理嘲笑精神病人！

你千万别这么想，天地良心，我从来没有歧视精神病人的意思，我羡慕的是精神病人的那种心理状态。

有一次，我到精神病院看一位朋友，他已经认不出我了，见到我，他只知道乐呵呵地笑。在他身上曾经发生过很多不幸的事情，他曾经一度想自杀，后来就得了精神病。现在可好，他把过去的事全忘了，见了人只知道傻笑。虽然我也知道他并不是真正地快乐，只是属于一种下意识的肌肉反应，但有一点我却敢肯定，那就是他已经把烦恼和忧愁全抛到脑后了。

看到这位朋友，我就想，我要是能像他那样，把所有的烦恼和忧愁都忘掉，那该有多好啊！

这就是我羡慕精神病人的原因。得不到才会羡慕。

现实中，我像一个不会游泳的人掉入了臭水塘里，每天被无穷无尽的烦恼和忧愁淹没，有时觉得自己快被这些烦恼和忧愁给呛死了。

我的快乐去哪儿了？谁偷走了我的快乐？

记忆中，自从大学毕业后，“快乐”没有事先通知一声就从我身边溜走了。

让我来告诉你我大学毕业后所遇到的烦恼吧！

我先是找工作。在这个竞争激烈的社会，找工作就像找老婆一样难，你看中了这个工作，可是老板没看中你；老板看中你了，可是你没看中那个工作。好不容易找到了一个自己满意、老板也满意你的工作，却错过了时间。

工作后，职场的烦恼像苍蝇一样飞来飞去，整天嗡嗡地叫，赶都赶不走。

职场的烦恼五花八门，有时候甚至来得莫名其妙。与老板的关系要处理好，否则就有可能被老板穿小鞋；与同事的关系要处理好，否则就可能被同事在背后捅刀子。这还是简单的，还有更复杂的，如果公司有两个领导，而且这两个领导之间有矛盾，这种情况下，怎么和两个领导相处就是一件很考验智慧的事情了。再比如，办公室派系林立，各派系水火不容。我们是保持中立，还是加盟其中一派？这也是一件很需要讲究的事情。

这么多复杂而微妙的关系搅和在一起，别说处理了，就是听起来，我的头就发晕。你说，我能快乐吗？

到了该结婚的年龄，找对象又变成了一件烦心事。办公室恋情是不牢靠的，小两口在一个办公室，这就犯了大忌讳。公司倒闭了，两口子同时失业，这是其一；老板管理起来投鼠忌器，这是其二；同事关系不好处理，这是其三。

有了这三个原因，找对象就只能到其他公司找。但是，到其他公司找对象也有问题。相互不了解，结婚后有风险，这是其一；两个公司距离太远，恋爱的成本高，代价大，这是其二；如果两个公司有竞争关系，那么其中一方很有可能被炒鱿鱼，这是其三。

有了这三个原因，在其他公司找对象也困难重重。

好不容易找到了一个满意的对象，紧接着就是买房子。但是，现在的房价是芝麻开花——节节高。

一说起买房子，真是恐怖，我一个月的工资连台北市帝宝大厦的一块地砖都买不到。

为了省钱买房子，我是早起晚归，省吃俭用。以前，为了锻炼身体，我都是爬楼梯回家，可现在却一定乘电梯。为什么？因为爬楼消耗体能，而乘电梯可以减少体能消耗，体力少耗些，就可以少吃点儿饭，节约点儿米钱了。

辛辛苦苦地买了房子，结了婚，又马上面临生孩子的问题了。哎！真是一波未平，一波又起。

就这样，大学毕业后，快乐成为了一种奢侈品。我的大脑每天都在想事情，想到最后，我感觉大脑已经不堪重负了。我很同情我的大脑，就这么点儿大的体积却要背负着这么多的思考压力，真是太辛苦了。

所以，我开始羡慕精神病人。

难道快乐就真的与我无缘吗？有时候，我反复地问自己。

直到有一天，我在电视上看到节目里介绍卓别林生平及他演出的哑剧后，我顿悟了，对快乐有了新的理解。

我倾注全力追求所谓的快乐却不可得，是因为在“追求快乐”和“自我成长”之间，我只耽于快乐的甜美果实，而白白耗费了自我成长的时机。所谓“快乐”，多是“自我成长”后的产物，没有“自我成长”的过程，错过了很多发现自己、认识自己，以及让自己成长的机会，如何能快乐呢？

让我们一起分享我的顿悟，看看喜剧大王卓别林“自我成长”后带给自己和这个世界快乐的故事吧！

不要以为卓别林是喜剧大师，他就没有痛苦，其实，卓别林是在痛苦的经历中成就了自己快乐的一生。

卓别林很小的时候，父母就劳燕分飞了，他跟着母亲一起长大。

卓别林有一位贤明达理的好母亲，她不但辛苦挣钱维持一家人的生计，而且很重视对卓别林的教育。只要有时间，她就和卓别林坐在一起聊天，给他讲要如何成功，要如何做一个快乐的人。

卓别林的母亲深知在离异家庭中长大的孩子容易产生孤僻、自卑的人格，这对孩子的成长会很不利，所以，她在卓别林小的时候就用自己的实际行动教育他要快乐而自信地活着。母亲是杂剧院的喜剧演员，虽然长得不是十分漂亮，但是，无论什么时候她都衣着得体，精神抖擞，让人觉得她对生活充满了自信和热情。一到周末，母亲就让卓别林和弟弟穿戴得整整齐齐，然后牵着他们的手，一起到外面去旅行。

母亲带兄弟俩旅行时，会让卓别林穿上那件帅气的蓝色天鹅绒上衣，再配一副蓝色手套，而弟弟则穿着贵族中学的学生装。当母子三人穿过热闹非凡的肯宁顿路时，路人总要投来羡慕的目光。当卓别林听到邻居在旁边窃窃私语“看，这母亲多漂亮，这兄弟俩多帅气”时，他的脸上洋溢着快乐的笑容。

有一次，母亲带卓别林到水族游乐场看杂耍。卓别林看到一个女人在熊熊的烈火中伸出脑袋朝人微笑。这个女人在烈火中没有被烧焦，居然还从容地微笑，这太神奇了，卓别林的心里别提多高兴了。看完表演，母亲和卓别林坐马车回家，母亲用旅行毯把卓别林裹住，然后和她剧团的朋友——吹鼓手一起又吹又唱，整条马路上都是大家的欢声笑语。那个时候，卓别林觉得自己是天下最快乐的人了。

在母亲的影响下，卓别林形成了乐观、开朗的性格。

后来，母亲患上了咽喉炎，嗓子渐渐无法发声了，但她仍然继续演唱。最后实在唱不下去了，才不得不放弃。

母亲的精神激励着卓别林，他决定代母亲上台表演。五岁时，卓别林第一次登上了舞台，从此，他再也没有离开过舞台。

第一次上台时，面对着闪烁斑斓的聚光灯，卓别林一点儿也不拘束。他唱了一首歌，那是一首大家耳熟能详的歌，叫《杰克·琼斯》，歌词是这样的：

谈起杰克·琼斯，哪一个不知道？
你不是见过吗？他常常在马路上跑。
我可没找杰克茬儿的意思，
只要啊！只要他仍旧像以前一样好。
可是，自从他有了金条，
他可变坏了。
只瞧他怎样对待他的哥们儿，
就叫我心情十分的糟。
现在，星期天早晨他要读《电讯》，
可以前呀，他只翻一翻《明星报》！
自从杰克·琼斯有了那点儿钞票，
咳，他得意得不知道怎么办才好！

唱到一半时，观众的钱就扔到台上来了，卓别林立刻停止了唱歌，他对观众说，他要先把扔上来的钱收拾好，然后再接着唱后面的歌。卓别林的话让观众哄堂大笑。这时，一个舞台工作人员到台上捡钱去了，卓别林又对观众大声说："这个工作人员是不是想私吞这些钱？"他的话再一次让观众哄堂大笑。

这次演出后，观众不但认识了卓别林，而且感受到了他发自内心的快乐，也发现了他身上的喜剧天赋。从此，卓别林走上了喜剧之路，最终成为举世闻名的喜剧大师。

卓别林的故事告诉我们，快乐其实是人内心的一种本真状态，快乐与我们的遭遇并没有太多的关系。一个懂得"自我成长"及"自我实践"的人，内心自然充满快乐，也很容易让别人感到快乐。

所以，你不要为自己的郁郁寡欢寻找借口，生活的磨难绝不能成为你一蹶不振的理由。你要从现在开始，发现自己，认识自己，让自己一步步成长，这样原本属于你的快乐就不会离你而去。

1. 找到生活中潜藏的快乐

我们的生活中有五花八门的潜规则，在职场，我们经常遭遇职场潜规则；在情场，我们又会遭遇情场潜规则。我们天天遭遇规则，可是，我们有没有想过自己制定一个规则？

前面已经说过了，规则是用来打破的，那我们还制定这么多条条框框把自己圈起来干什么？这不是给自己找麻烦吗？

当然不是，事情并不是绝对的，我让你制定的可不是一般的规则。

这个规则叫“快乐规则”，也叫“快乐方程式”。

有人会问，你没钱，也没权，你如何快乐？

错了，钱和权与快乐无关，没有钱，没有权，我们照样可以让自己天天乐开怀。

街头的小摊贩们挣的钱并不多，而且，他们往往有两个以上的孩子，经济负担也不轻，但他们的嘴唇却没有合拢过。他们是在笑，这是一种发自内心的笑。

所以，快乐与别人无关，与钱和权无关，它只与你自己有关，关键是你愿不愿意建立这个快乐方程式。

显然，这个快乐方程式的输出量是快乐，那么，它的输入量是什么呢？

第一个输入量就是“微笑”。

生活中，如果一直让自己处于情绪低落的状态，总是低垂着脑袋，走起路来仿佛双腿有千斤重似的，一脸哭丧相，见了人也不愿意理睬，那你的心情不糟才怪。那么，怎样改变这些呢？很简单，只要深吸一口气，抬起头，挺起胸，露出微笑就行了。微笑是会传染的，如果真诚地对别人微笑，别人也一定会报以微笑，至少不会对你生气。

处于负面情绪的人或许会说，我正在气头上，你却让我笑，我又不是演员，哪能这么随意就转换心情呢？但是，你必须像演员那样快速转换心情。心理学说，人的身体是有记忆的，强颜欢笑虽然是表面的暂时表情，但久而久之会“弄假成真”。笑多了，天大的事情仿佛也变小了。

第二个输入量就是“放松”。

懂得保持快乐心情的人经常会这样对自己说：“我觉得快乐，所以，我会在各方面做得越来越好，我也会越来越快乐。”如果能反复对自己说一些诸如“我很放松”“我很满足”“我很平静”之类的话，时间久了，这些话就会进入我们的潜意识中，并开始发挥作用，我们的心情就真的可以放松了。

第三个输入量就是“大声讲话”。

一般来说，在生活中受压抑的人，说话的声音明显地都比较细小，表现得自信心不足，一点儿也没有快乐的感觉，所以，说话的时候要尽量提高音量。当然，提高音量并不是让你大声咆哮，只要下意识地让自己的声音比平时稍微大一点儿就行了。

第四个输入量就是“回忆有趣的事情”。

你可以抽出一点儿时间幻想愉快的心理图像。先抬起脸颊，放松下巴；然后，张开嘴唇，向上翘起嘴角，有意识地回忆过往生活中一些有趣的事情。

把快乐图像化，像播放电影那样对自己播放快乐，这就是愉快的心理图像法。很多时候，你会把自己逗得大笑不止。

第五个输入量就是“抬头挺胸”。

仔细观察就会发现，那些曾经遭受过严重打击或是被别人排斥的人，走路都显得很懒散，很邋遢，完全没有自信可言；而一些自信心很强，保持快乐的人，走起路来往往要比一般人快，有些甚至像是在短跑。所以说，抬头挺胸，走快一点儿，你会感到快乐在心中滋长。

第六个输入量就是“感恩”。

若是能心怀感恩地面对生活，就会减少很多不必要的愤怒。只有心怀感恩，才能真正获得快乐。

第七个输入量就是“分享”。

一个虔诚的基督徒问上帝：“为什么天堂里的人都那么快乐，而地狱里的人却不快乐呢？”上帝带他来到地狱，只见很多人围坐在一口煮着美味食物的大锅前，可是，每个人都因吃不着食物而着急，因为他们手里的勺子太长，没法把食物送到自己嘴里。接着，他们又来到了天堂，这里的客观情况跟地狱一样，可是这里的人都在用勺子把食物送到别人的嘴里，这样大家都能吃到美味的食物。所以，天堂里的人都很开心。

这个故事告诉我们，懂得与别人分享，便可以使快乐永驻。

第八个输入量就是“学会利用自己的优点”。

如果有人告诉你，你讲话很有条理，声音也很好听，你可能会觉得这没什么了不起的。其实，你不应该这样想，因为，很多人都做不到这一点，所以，这也是值得骄傲的优点。你要利用好自己的优点，让它给你带来快乐。

让一生都充满笑声和快乐，就是做让自己快乐的事情，建立属于自己的快乐方程式。

2. 营造良好的家庭氛围

我是一个恋家的人，不管在外面有多大的委屈，受了多大的罪，只要回到家中，我的心情马上就能平静下来。

如果问这个世界上我最依恋谁？我会不假思索地脱口而出："我的父母，我的家人。"

如果问我这个世界上哪个地方最温暖？我同样会不假思索地回答：家。

家是我们能真正得到轻松和快乐的天堂，但是，我们却经常把它变成充满忧伤的地狱。

现在的社会压力很大，对老板，对同事，我们经常会心怀怨气，可是，由于同事关系、职位晋升等种种顾虑，我们常常会把心中的怨气压在心里，然后带回家里，发泄到亲人身上。

于是，我们就看到很多怪象：许多人在老板和同事面前有说有笑，可到了家里，却冷若冰霜，似乎得罪他们的不是老板和同事，而是家人。

有一次，我和一位职场白领谈到了这个问题，他的观点让我感到匪夷所思，"他们是我的家人，我不对他们发脾气对谁发脾气？上班时，我憋了一肚子气，回到家里，你还让我憋着不发出来，那不憋死我啊？"

听完他的话，我想，难道家人就该天经地义地成为我们的情绪垃圾桶吗？

当然不是，道理很简单：惹我们生气的是老板和同事，爱我们的是家人，对家人发脾气，你不觉得有些残忍吗？

社会压力越大，家就越重要。经过一天的繁忙工作，我们肯定非常疲惫，正因为如此，我们才更需要家来抚慰我们疲惫的灵魂。当然，我们不但要在家中得到温暖，更要为这个家营造温暖。

怎样营造温暖和谐的家庭氛围呢？

第一，注意和家人说话的方式。

家人之间说话的方式是营造家庭环境很重要的一部分。因为家庭成员之间存在年龄和个性差异，所以，我们应该注意，不要总是用大嗓门把自己的意愿强加到其他家庭成员身上。

要学会给别人敞开心扉说话的机会，尤其是有孩子的家庭。很多时候，家长会对孩子进行严厉的批评。心理学家马丁·塞利格曼发现，当家长总是过分地责备孩子时，孩子会误以为家长不喜欢他。这样一来，孩子就不愿意将自己的意愿表达出来了。亲子互动建立在良性的沟通上，不管是为人父，还是为人母，都应该明白这个道理。

第二，让家里保持整齐。

这一点主要是针对男人的。许多男人有“家懒外勤”的习惯，在公司很勤快，可是一回到家里，马上就原形毕露——不拖地，不收拾房子。老婆不在家的时候把家里搞成一个古罗马战场，老婆回来后，夫妻吵架，家里真成了一个战场。

保持家里干净整齐，井然有序，能让家庭成员感到轻松愉快，大家都能有一个平静的好心情。即使是发生争执、情绪激动或者出现家庭危机的时候，秩序井然的家庭环境也能让亲人得到安慰。

第三，培养召开家庭会议的习惯。

很多人都觉得没必要召开家庭会议，但是，无数事实证明，在遇到一些关系到全家利益的大事时，召开家庭会议，听取每一个家庭成员的意见，然后综合所有的意见和建议，做出符合大多数人利益的决定，是一个比较科学的解决问题的办法。

适时召开家庭会议也是让家庭成员团聚，共享温馨亲情的一个机会。即使没有重大事件发生，也可以定时召开家庭会议，让大家说出这一段时间的烦恼，就算家人不能解决，也能让大家的情绪得到舒缓和宣泄。

其实，同样的道理也适用于企业的经营。多集思广益，而不是独断专行，是企业经营成功的重要因素。日本趋势专家大前研一在著作中提到，日本经营之神松下幸之助每当遇到难以做决定的事情时，总会找来三个以上的员工，重复问他们该怎么办？通过问话，松下幸之助一边厘清问题，一边授权给思路最接近自己的属下。

松下幸之助显然很懂得在企业中营造出类似家庭的氛围。这是值得我们学习的。

第四，培养爱心。

在日常生活中，家庭成员之间建立爱的联系的机会很多。研究发现，如果大家肯花时间一起玩，一起说笑，多接触，多关心对方的饮食起居，共同分享自己的喜怒哀乐，那么，家庭成员之间便会更融洽。

第五，培养良好的个人习惯。

每一个家庭成员都有不同的脾气、性格和生活习惯，如果一个家庭有丈夫，有老婆，有孩子，大家就不能肆意地由着自己的性子生活。作为丈夫，应该尊重老婆的劳动，不制造垃圾，同时，还要注意个人卫生，不要整天蓬头垢面地像一个加勒比海盗；作为老婆，不应该整天像孙二娘一样河东狮吼，而应该多给男人一些宽容和理解；作为父母，不要在孩子面前相互抱怨或是争吵；作为孩子，不应该对父母有太多隐瞒。只有大家相互尊重，养成良好的个人习惯，才能共建一个和谐的家庭。

第六，“独角戏拍马屁法”处理婆媳争端。

家庭虽然是心灵的港湾，但也绝不是每时每刻都风平浪静。

家庭里的争端绝不比职场少，只不过职场里往往是钩心斗角，尔虞我诈，而家庭里的争端往往是风急浪大，来得快去得也快，是内部矛盾。

家庭最典型的就是婆媳矛盾。婆媳之间往往纠缠不清，究竟谁对谁错，估计就是神探福尔摩斯来了也无法判断。

而男人既作为丈夫，又作为儿子，往往夹在两个女人之间受夹板气。这种情况下，有些男人容易犯糊涂，要么是站在婆婆一方，要么是站在媳妇一方，这就犯了调和婆媳矛盾的大忌。

作为男人，媳妇和母亲都是你生活中最亲的亲人，婆媳之间有矛盾，你不但要晓之以理，更重要的是动之以情。

因为，婆媳之间的矛盾有时候是无法用道理讲清楚的，也不像职场矛盾那样牵扯太多的利益关系，而往往是由一些鸡毛蒜皮的小事引起的，所以，处理这样的特殊矛盾，就要用特殊的策略。

这个特殊的策略就是，在母亲和媳妇之间穿针引线，求同存异，最主要的办法就是“独角戏拍马屁法”。我有一个学生，他就很擅长这种方法。他在母亲面前说：“妈，媳妇说你今天做的饭真好吃。”然后又在媳妇面前说：“老婆，妈说你今天打扮得特别漂亮。”其实，他母亲和他媳妇有没有这样说，双方都不得而知，但是，经过他这样反复的调和，他们家的婆媳关系越来越好·

第七，别将烦恼带回家。

烦恼无处不在。当和同事发生了矛盾时，当被公司裁员时，我们都会产生不良情绪，这很正常，但是，千万不要把这种不良情绪带回家，发泄到家人身上，把家人当成出气筒。我们可以将烦恼说出来，寻求家人的理解和支持。

3. 有效排解负面情绪

焦虑、痛苦、羞愧、悲哀、自卑、冷漠……这些负面情绪是生命的组成部分，每个人都会遇到，但是，如果不懂得适时排解它们，就会很危险。

一位著名的文学家曾经说过，人们在遭遇一些不可避免的灾难时，产生不良情绪很正常，没有必要惊慌。但是，你一定要明白，灾难既然已经发生，就不会因为你的不良情绪而改变，所以，不如节省精力和体力，创造出另外一个更加美好的生活，等待新的惊喜和快慰。

只要你不是宿命论者，就不要对任何挫折和磨难俯首认命。但是，与命运抗争并不是明知山有虎，偏向虎山行。当发现现实无法改变时，我们就要心平气和地接受，因为只有这样，我们才不会被重负压垮。

实际上，很多磨难和挫折反而是人生成长的养分。上课时，我总引用孟子的话来勉励学生：人之有德、慧、术、知者，恒存乎疢疾。即一个人的品德、智慧、能力、体验经常是从挫折、失败的打击中获得的。这是孟子透析人性命运的明鉴观察。

可惜，大多数时候我们都做不到这一点，更多的时候，我们被不良情绪所纠缠，心力交瘁，心神不宁。

下面我要介绍几种方法，在产生负面情绪的时候，有助于大家适当排遣。

第一，不要随便怀疑他人。

孩子为什么能够每天都笑口常开？很重要的一个原因就是孩子天真、善良，从不怀疑别人。

生活中，我们不要动不动就怀疑别人的动机，觉得这个人是想利用自己谋钱、谋权，这么做只会让自己更累。我们应该放下对他人的戒备之心，真诚地对待他人。不妨跟陌生人打个招呼，跟送报纸的人聊聊天。在非工作时间，我们应该尽可能地让自己处于松弛状态。

第二，降低对自己的要求。

为什么我们经常会被生活中一些高压力、高强度的事情搞得焦头烂额、疲惫不堪？就是我们对自己的要求太高了。

我们要对自己有清醒的认识。只能吃一个面包，就不要逼着自己吃一只猪腿；只能爬小山丘，就不要逼着自己去攀登珠穆朗玛峰。

第三，凡事不强求。

我们经常会见到这样一种人，如果别人做的与自己的要求稍有出入，他就会很不舒服，想方设法要求别人返工，直到达到了他的要求为止。心理学上把这种行为称为“强迫症”。

你有强迫症吗？反正我有。每次出门时，我明明已经把门锁好，可走下楼后，又开始怀疑自己，然后就再上楼去看一看，不然，我会一天不放心。其实，每个人心里或多或少都会有强迫症的倾向，只有将心扉敞开，对周围的人、事不多做强求，我们才不会有那么多不愉快。

第四，不要压抑自己的情感。

当家人离你而去的时候，当恋人要分手的时候，请不要压抑自己内心的悲伤，想哭就大声地哭出来，不用在意周围的人会用什么眼光看待你。

大禹治水也是疏导而不是围堵，长久的压抑不仅不能让我们有效排遣不良情绪，还可能抑郁成疾。

4. 乐观是长寿的秘诀

加州大学研究者发现，与性格内向、压抑的人相比，性格开朗、乐观的人的平均寿命要长七到八岁。

乐天派们整天没有烦恼、忧愁，他们的五脏六腑自然也工作得很开心，不会给他们找别扭，器质性病变和慢性疼痛就少得多，寿命长也就在情理之中了。

乐天派有好于常人的身体素质，拥有长于常人的寿命，获得成功的机会自然也就比常人多了。

很多成功人士除了拥有过人的智商和情商，无一例外的，他们都非常乐观。

一位作家曾经说过，乐观是心胸豁达的表现；乐观是生理健康的法宝；乐观是人际交往的基础；乐观是工作顺利的保证；乐观是避免挫折的利器。

生活中，我们做每一件事情的目的无非是躲避痛苦或是获得开心。

一个乐观的人从来都不相信这个世界上的事情都是痛苦的，他们绝不会因为路途中的某一块绊脚石而放弃前进的步伐，即使遇到再大的困难，他们也能保持积极乐观的心态，坚信风雨过后总会有彩虹。在面对痛苦的时候，他们感受到的不是痛苦，而是一种接受挑战的激情和喜悦。

而一个悲观的人却总是因为某一方面的失败而全盘否定自己，不愿意再去做任何努力。这时候，墨菲定律就会在他身上应验，所有事情都开始按照他悲观意念里所想象的那样发展，结果变得一团糟。

面对失败的时候，千万不要把所有的责任都揽到自己头上，一味地打击自己，并不能让事情发生好转。而且，因为打击，自己对未来更加没有信心，自然也就不能及时想出应对问题的处理措施了。

心理学家说，培养乐观精神的最好方法就是找回已经失落的童心。其实，做人并没有什么准则可循，更没必要因为自己长大了，就刻意将一些孩童时代保留的特质摒弃。即使生活节奏加快了，即使生活中已经注入了太多的责任，你还是有权利像孩子一样，心怀原始的天真、乐观和快乐。

如果没有一颗乐观的心，爱迪生不可能在失败了九十九次之后还继续坚持，终于发现钨丝可以作为最好的灯丝；如果没有一颗乐观的心，相信爱因斯坦也发现不了相对论；如果没有一颗乐观的心，牛顿也不会因为那个砸到自己脑袋的苹果而发现万有引力定律。

类似的例子不胜枚举。既然乐观有这么多好处，那么，我们还有什么理由不保持一颗乐观的心呢？

5. 工作压力怎么舒缓

现代人都有压力，奥巴马有奥巴马的压力，补鞋匠有补鞋匠的压力，南极的企鹅也有地球变暖的压力，就是你头顶的虱子也有你头发脱落而无处藏身的压力。

压力无处不在，关键是我们怎样缓解压力。

造成压力的因素主要有两个，一个是外在因素，一个是内在因素。

外在因素就是客观因素，是不以你的个人意志为转移而客观存在的，是不可避免的。比如生存压力，但凡是人都会遇到，除非你变成木头人；再比如竞争压力，这是个竞争的时代，想逃避竞争，除非你到火星上去定居。

外在因素既然不可避免，那么我也就不多说了。这里，我想谈的是内在压力。

内在压力是我们自己给自己施加的，是可以通过努力缓解的。

中国有个成语叫“庸人自扰”，其实，很多内在压力都可以和庸人自扰画上等号。

想想看，我们是不是经常平白无故地给自己添加许多没有来由的压力？

邻居开着一辆豪华小轿车从门前驶过，我们会产生压力；办公室同事升任部门经理了，我们会产生压力；同事的老婆比自己的老婆漂亮，我们会产生压力；邻居的孩子比自己的孩子优秀，我们会产生压力……

我们变得越来越敏感，甚至经理从办公桌前走过时无意中瞅了我们一眼，我们都会产生压力。

适度的压力可以激发人的创造性，激发挑战自我的潜力，而过度的压力，不管它的来源是什么，对承受者所产生的后果都是严重的。这样的压力会让我们产生焦虑、沮丧、愤怒等情绪，造成各种生理方面的疾病，给我们的工作和生活带来麻烦。

世界卫生组织称工作压力是“世界范围的流行病”。那么，应该怎样缓解来自环境或个人因素的工作压力呢？下面我介绍几种方法。

第一，有效地组织你的工作。

别总是认为只有你才能够做好这项工作，离开你，地球照样旋转。如果凡事都亲力亲为，压力自然会陡然增加。聪明的办法是统筹分解自己的工作。在接到一份任务很重的工作之后，不要急着埋头苦干，我们可以像厨师剐羊肉一样，把工作进行合理的分解，然后分摊或委派，降低每个人所要承载的工作强度。

第二，建立良好的人际关系。

工作当然离不开老板和同事。

如果能与老板建立良好的关系，多站在老板的角度上思考问题，同时设法让老板知道你的难处，这样你的麻烦就会少得多。

我们和同事在一起的时间可能比和家人在一起的时间还要长，因此，和同事闹僵了可能比和老婆闹僵了还糟糕。因为和同事闹僵了，就等于在你的身边埋了个炸弹，你不知道它什么时候会爆炸，所以，必须与同事建立愉快的合作关系，这样，在高强度工作的时候才不会因为紧张的同事关系而束手束脚，并且还有可能得到有力的帮助，自身的压力自然也就减少了。

第三，及时总结，妥善计划。

工作总是有一定的连续性，如果能把自己曾经做过的所有工作都记录在案，并经常查阅的话，就会有一箩筐好处，一来可以总结经验，二来可以帮助你找到自信。

除此之外，工作前不要火急火燎地抢着开工，要尽可能细致地准备，这样工作起来才不会觉得没有头绪，压力自然会减少。

第四，不要给自己无谓的压力。

工作中，大家所要面对的问题并非只是工作这么单纯。只要有人存在的地方，就一定会有是非。

我年轻时曾经在某家小公司工作过，部门经理是个女的，长得很漂亮。有一次，我到经理办公室汇报工作，经理让我帮她买瓶绿茶，当我拿着绿茶进经理办公室的时候，被一个同事看见了。第二天，办公室就传出来两个版本的绯闻：其一是说我在拍经理的马屁，准备让经理提升我；其二是说我和经理有一腿，我们是情人关系。

哎！真是人言可畏啊！

所以，面对是非，我们要尽量保持清醒的头脑，尽量与是非保持距离，别给自己增添无谓的压力和烦恼。对于自己无法控制的事情，就由它去好了。

第五，享受个人空间。

工作是做不完的，工作也不是生活的全部，因此，不要总是想着工作，要懂得忙里偷闲，享受生活。哲学家说过，会休息的人，才会工作。

要学会休闲，适当的娱乐是必不可少的，可以到舞厅跳个舞，也可以去KTV放松一下。

不管是跟家人一起聚会，还是跟朋友在一起聊天，都是缓解压力很好的办法。

第六，适当的运动。

身体是生命之本，也是我们最忠诚可靠的好朋友，我们可不能亏待了它，要是它罢了工，那我们可就歇菜了。

有一个好身体，不仅可以摆脱疾病缠绕，提高工作效率，还能使自己时刻保持心情舒畅，压力自然不会找上门来了。

我们可以安排一定的运动时间，比如，做适量的有氧运动，散步，打球等，这些活动对于释放压力、放松大脑、恢复精力都很有效。

6. 世界本就是辩证的集合

人总是会经历各种各样难以预料的事情，有开心的，也有不开心的。面对好事情的时候，我们自然是兴高采烈，可是，面对坏事情的时候呢？很多人会觉得世界末日来了。于是乎，他们惶惶不可终日，怨天尤人，自暴自弃，仿佛自己已经下了地狱似的。

其实，这个世界本来就是个辩证的集合，没有你，就没有我；没有小偷，就没有警察；没有战争，就没有和平……当然，没有好，也就没有坏。世界如此，人生亦是如此。

顺其自然，尽力而为，也许是面对坏事情时最可行的态度。

坏事情既然已经发生了，就不可能当作没发生，与其烦恼，倒不如接受它，并努力适应它，告诉自己：没什么大不了的，这样的生活，我依然可以从中寻找到快乐。

有一位百岁高龄的老人，红光满面，精神抖擞。很多人咨询她长寿的秘方，老人只说了很简单的一句话，就是：没什么大不了的，不管遇到什么样的事情，都要面对现实，坦然接受，并积极乐观地适应现实生活，永远对未来的人生充满希望。

老人向我们讲述了她的经历，她的一生并不是一帆风顺的。她年幼的时候，家里很贫穷，兄弟姐妹也多，父母都是很本分的农民，养活孩子就像是养活牲口一样。八岁的时候，她的父母用一袋子米作为交换，把她送去别人家里做了童养媳。

童养媳的生存状态，不用多加描述，大家也能想象得出有多么艰苦。好不容易熬到了婆婆去世，老人本以为自己可以在一个相对富裕的地主家庭里当家做主了，可偏偏又赶上了土改运动。夫妻两个被打成“黑五类”，家产全部充公。他们只能睡牛棚，除了要从事体力劳动之外，还要接受群众批斗，做任何事情都会受限制、受歧视、受刁难。新时期到来后，夫妻两个才被平反。本以为一家三口可以安享太平了，老人的丈夫却又在一次矿难中去世，留下老人孤儿寡母相依为命。为了养活儿子，老人什么都做，甚至还做过妓女。

好不容易将儿子养大，看着他结婚生子，老人本想就此安享晚年，享受天伦之乐，不幸却如影相随。一场车祸夺去了儿子的生命，儿媳妇受不了厄运连连，丢下孩子离开了。老人欲哭无泪，只能带着孙子以捡垃圾为生。

在一次捡垃圾时，因为下雨路滑，老人不慎摔倒，致使半身瘫痪。在民政部门的帮助下，孙子被送进了孤儿院，老人被送进了敬老院。

听了老人关于自己生平的讲述，周围人无不为之落泪，但是，老人却像是在讲述别人的故事一样。她对身边的年轻人说：“生活就是这样，不幸的事情随时都可能发生，但是，不幸的事情发生了，并不代表我们就不能继续快乐地生活。没有了丈夫，我还有儿子；没有了儿子，我还有孙子，我还有自己。行的时候，我靠自己的双手来养活自己；不行的时候，就依靠政府，没什么大不了的。再难，人都能够活下去，只要活着就可以期待明天，明天一定会比今天好。只要这样想，不管你正在经历什么样的生活，你都会感到快乐。”

Part 6 寂 寞

贝多芬畅饮孤独的美酒

给年轻的自己

人生如月，阴晴圆缺，寂寞总是如影随形。

寂寞既不可避免，我们又何须恐惧？殊不知，正是寂寞成就了无数伟人。

要想攀上别人攀不上的山峰，就要耐得住寂寞，险峰之巅，总是孤独的。连寂寞都耐不住，你还能耐得住什么？

不要只把寂寞当作一杯毒酒，有时候，寂寞还是成功的催化剂。

寂寞的时候，我们的思考会更加完整；寂寞的时候，我们的灵感会如佛光乍现。

既然寂寞如甘醇，似奶酪，那我们不妨把它装在行囊里，一起上路吧！

现在的社会，交通越来越发达，楼房越来越密集，可是，人与人之间的关系却越来越疏远了。

大学里，我有三个最好的朋友，我们是同宿舍的知心好友，无话不谈。我们曾经挤在一张床上讲恐怖故事，争论哪个女生更漂亮，为自己喜欢的球队争得面红耳赤，等等。虽然在大学期间我们干了很多荒诞不经的事，但是，现在想想，那却是我们活得最真实、最简单的一段日子。

大学毕业后，我们就各奔东西了，各自忙着找工作，忙着升职。一开始，我们还经常聚会；后来大家工作越来越忙，聚会便取消了，改成打电话联系；再后来，大家又忙着谈恋爱，结婚，生孩子，渐渐地，电话也越来越少。到现在，我已经和这三个同学中断了联系。

在公司，我只有同事，却没有好朋友，因为同事是不能当朋友的。我刚进公司时，对业务不太熟悉，一个叫吉米的同事对我很热情，经常给我指点。我非常感激，就把他当成了自己的好朋友，什么话都对他说。有一次，我们在外面喝酒，我口无遮拦，发了一大通关于公司管理方面的牢骚，还说经理用人不当，假公济私。可是，没想到吉米为了拍经理马屁，竟然把我说的话添油加醋地向经理汇报了。幸好，经理还算是个有度量的人，他只把我叫到办公室狠狠地训了一顿。这件事对我触动很大，从此，我再也不敢和同事做朋友了。

在家里，我喜欢谈论事业，谈论国家大事，而老婆最多陪我讨论希拉里的发型如何好看，奥巴马的老婆怎样选择面膜，威廉王子的大婚如何经典、浪漫，所以，我在家里，大多时候也很无聊。

孤独和寂寞是毒蛇，一旦缠上了人，就很难摆脱；孤独和寂寞又像蟑螂，你刚把它弄死，它的后代马上又长大了。我像讨厌蟑螂一样讨厌孤独和寂寞。

岁数越大，我的孤独感就越强烈。有时候，我真想回到童年时代，和一大堆小伙伴肆无忌惮地在泥地里嬉戏玩耍，到山上掏鸟窝，到水里捉水蛇，那是何等的快乐幸福！现在，这一切都一去不复返了。

有时候，我也想在公司与家庭之外交几个知心好友，但是，知音难觅啊！被高楼所阻隔的人们的内心似乎也增加了一层保护膜，要想和陌生人成为知心好友，那难度不亚于与情敌握手言和。

我讨厌这样的生活，因为我不知道该怎样面对孤独和寂寞。

直到贝多芬教会了我怎样与孤独和寂寞做朋友。

贝多芬是在孤独的陪伴下度过他的一生的。

让我们向伟大的作曲家贝多芬学习如何品尝孤寂中的美味吧！让我们来看一看这位传奇作曲家孤独而又光彩照人的一生吧！

18世纪70年代，贝多芬出生在德国莱茵河畔一所破旧的阁楼上。和所有的普通人一样，贝多芬出生时并没有什么奇特的地方。

贝多芬的妈妈平时给有钱人家做佣人维持生计；贝多芬的父亲是一个名气不高的男高音歌手，所以，望子成龙的心情很迫切，他一心想让贝多芬成为一名伟大的音乐家。糟糕的是，他还是个十足的酒鬼且酒品不好，酗酒后脾气暴戾无比。

童年的贝多芬不但要忍受贫穷，而且还要忍受父亲的折腾。

贝多芬刚满四岁，父亲就逼着他练琴，而且每天练琴的时间不能少于八小时。只要贝多芬练得让他父亲有一丁点儿不满意，父亲就对贝多芬拳脚相加。

年少的贝多芬不但要学琴，还要承担养家糊口的任务。父亲挣钱不多，为了多挣几块面包钱，贝多芬不得不在十一岁的时候就外出演出。他加入戏院乐队，成为了一名大风琴手，每天的演出可以挣些钱补贴家用。

贝多芬十七岁的时候，疼爱他的母亲因肺病去世，贝多芬因此变得更孤独了。他没有时间和同龄人一起玩乐，他的任务就是挣钱供两个弟弟上学，他父亲因为长期酗酒，已经不能打理这个穷困潦倒的家了。

就在这个时候，法国大革命像一场大风暴，立即吸引了贝多芬的目光。

为了接受新思想，贝多芬报考了波恩大学，在大学里，他的音乐天赋充分展现了出来。1795年，贝多芬在维也纳举办了自己的首次钢琴演奏会，并取得了成功。

初战告捷，贝多芬信心大增，他似乎看到了自己一片光明的前程。他在笔记中这样写道：“我的天才终究会获胜……二十五岁！不是已经到来了吗？”

然而，就在贝多芬准备向下一座事业高峰攀登时，命运却和他开了一个天大的玩笑。也就是从那时起，他感到一件可怕的事情正向他逼来，他发现自己的耳朵有些不对劲，每天不停地响，他的听力开始减弱，在剧院里，他需要把耳朵贴到演员的嘴前才能知道演员说了什么。

贝多芬清楚，听觉的丧失对于一个从事音乐的人来说意味着什么。他变得消沉、颓废，不愿见任何人，他害怕别人知道他的耳朵变聋了。他绝望了，不知道自己的音乐之路还能不能继续下去。他对牧师说出了自己的心声：“我的最高贵的部分——听觉，大大地衰退了。在这个如此可怜和自私的世界上，我必须避免与心爱的人和事物接触，而且我不得不在伤心的隐忍中寻找栖身之处……要是干别的职业，也许还可以，但是，在我从事的行业里，这是可怕的噩梦啊！我的敌人会怎么说我？他们（敌人）的数量又是那么庞大……”

福无双至，祸不单行，就在贝多芬为听力的丧失而痛苦时，失恋的挫折又向他袭来。

几年前，贝多芬爱上了一位姑娘，她叫琪丽。为了琪丽，贝多芬还专门写了一首曲子——《月光奏鸣曲》。

可是，琪丽并不像《月光奏鸣曲》中写的那么皎洁、纯真，她在与贝多芬交往的同时，还和其他男人勾勾搭搭。就在贝多芬丧失听觉的时候，琪丽转身嫁给了一个伯爵。

失恋的痛苦让贝多芬更加绝望，他对这个世界已经失去了信心，他甚至给两个弟弟写好了遗嘱。可是，就在他准备结束自己的生命时，他想到了自己未竟的音乐事业。最终，他决定坚强地活下去。

一个连死都不怕的人，他还会怕什么呢？从那时起，贝多芬在孤独与寂寞中，用他的灵魂为人们作曲，他把自己对生活的全部感受都汇聚在音乐里。在余下的二十五年里，贝多芬写下了《悲怆奏鸣曲》《英雄交响曲》《热情奏鸣曲》等，为后人留下了宝贵的音乐财富。

在生命的最后一刻，贝多芬这个听不到雷声的老人指挥着自己的交响乐队，在激荡雄浑的音乐声中，举起双拳，指向辽阔的苍穹。几秒钟后，贝多芬溘然长逝。

贝多芬是一位勇敢的人，在双耳失去听力的情况下，他和他人的交流变得异常艰难，但是，他没有被孤独和寂寞打倒，相反，他用自己强大的内心征服了孤独和寂寞这两个魔鬼。

不管你愿不愿意承认，孤独和寂寞已经成为现代人共同的心理疾病。

既然无法躲避，那我们不如像贝多芬一样，把孤独和寂寞当作美酒来饮，当作奶酪来吃，那么，孤独和寂寞就不会像毒酒那么可怕，也不会像蟑螂那么可恶了。

任何事物都是长着两张面孔的双面蛇妖，一面是美女，另一面是毒蛇。

孤独和寂寞也是如此，一方面，孤独和寂寞会让我们压抑、痛苦；另一方面，孤独和寂寞又能够给我们提供一个修炼心境的好机会。如果我们能够在孤独和寂寞中潜心修炼，那么，我们的内心会变得异常强大。孤独和寂寞让我们有更多的时间来提高自己的能力和修养，使自己练就一身出类拔萃的本领，从而在激烈的竞争中脱颖而出。

1. 琼楼玉宇高处寒

有句很美的话：又恐琼楼玉宇，高处不胜寒。

确实如此，一个人越是成绩卓越，越是不同凡响，越是伟大，就会越孤单、寂寞。因为，伟大的人往往具有与众不同的思维方式和广阔深邃的思想，普通人很难达到他们的高度。也许享受寂寞，享受那种可以跳出世俗，更加客观、明智地观察生活的感觉，正是他们想要的。

人类所选择的生存方式是群居，如果我们不与他人保持联系，我们就无法做一个现代人。

可是，所谓的社会联系又是怎样的呢？我们为了达到自己的目的，每天和一大堆不相干的人坐在饭桌旁，互相吹捧，说着一些违心的话。有时候，连我们自己都对这种虚伪的社会联系感到厌恶。

于是，在浮华背后，每个人的内心深处都不由自主地产生一种享受寂寞的念头。

在适当的时候，一个人独处一会儿，静静地品味一下寂寞的感觉，对我们的人生非但没有任何坏处，反而可以提升我们的涵养、气质和品位。

能够享受寂寞，能够独立思考问题，具备深沉韵味的人，身上会散发一种具有神秘色彩的独特魅力。

一位著名的舞蹈表演艺术家曾经这样说过，在台前，他会尽自己的全力跟同伴配合，将最优美动人的舞姿献给广大观众，面对他们的掌声、尖叫和鲜花，他会觉得欣喜，觉得振奋，认为这是他生活中不可或缺的一部分，但更多时候，他更喜欢享受幕后的独处时间。每次表演结束后，他都要一个人躲在后台平静一下，在黑暗中闭上眼睛，享受成功的喜悦，回忆一下过往所走过的路，审视一下自己的过去和现在，审视一下自己的价值取向，审视一下刚刚结束的表演。对于他来说，那是一个非常美妙的时刻。在寂寞的独处的时间里，他可以让狂热的大脑得到放松，恢复内心的平静，抚平内心的焦躁，规划以后的人生，让自己将来的路走得更稳、更好。

就跟这位著名舞蹈艺术家一样，不管你自己是什么样的人，不管你从事的是什么职业，在喧嚣、吵闹过后，你都需要一段独处的时间，站在客观的角度审视一下自己；在烦琐的世界中找寻简单；在闹市中找寻角落；在世俗中找寻超脱；在物欲横流中找寻已经迷失了的纯真……不要让自己偏离轨道太久、太远。

在这个世界上，各种各样的诱惑无时无刻不在展示着它鬼魅般诱人的陷阱，等待着你的进入。当陷入某种所谓的圈子里不能自拔的时候，当觉得生活的压力压得自己无法喘息的时候，我们不妨停下脚步，避开社会的尔虞我诈，关上手机，脱掉西装，在某个安静的环境中一个人静静地待一会儿，什么都想，也可以什么都不想；可以跟自己说说话，也可以闭上嘴巴什么都不说，静静地享受那美丽的寂寞时刻。当再睁开眼睛的时候，我们就会惊奇地发现，很多原本一直困扰着我们的难题顷刻间解开了，很多困扰了我们很久的问题也在顷刻间找到了答案。

独处是一种“静”的力量，是在节奏紧凑、繁忙的现代环境里“闹中取静”，是为了放空自我。寂寞之后，又可以热血沸腾地面对精彩的生活了。

2. 明辨信息或噪声

每个人都拥有自己的独立人格，有自己衡量事物的标准，有自己认知世界的方式和方法。

我们的认知方法不是一成不变的，人不可能每时每刻都去反思自己，也不可能总是跳出自己，从一个客观的角度来审视自己，观察自己。

所以，要做出理性的认知性判断，不仅需要自己的思维和经验，还需要借助外界的信息。

但是，现在外界信息太多，至于信息的真假，更如真假美猴王，谁也分不清楚。

我年轻时是日本女星酒井法子的忠实粉丝。有一次，网上有新闻说酒井法子遭粉丝刺杀，时间、地点、原因说得绘声绘色。当时，我信以为真，把自己关在房子里蒙头痛哭了一晚，还作了几阙怀念酒井法子的词。可是，第二天，就有新闻澄清说那是一则假信息，酒井法子还在拍戏！

我喜极而泣。从此，再听到我的偶像被砍、被毒、跳楼等类似的消息，我就变得谨慎了，会先查询且确认信息的真伪及可信度，不再随便哭泣。

心理学上有一个关于暗示引导的试验。一个人水平站立，横向伸直手臂，闭上眼睛，脑子里什么都不想，专注听你的指挥，按照你的话去思考。一分钟以后，你告诉他，他的左手手腕上系上了一个氢气球，这个氢气球不断地带着他的左手向上升；右手则被系上了一块大石头，这块大石头带着他的右手不断地向下降。两分钟以后，让他睁开眼睛，他就会惊奇地发现，其实他的两只手上什么东西都没有，但是，原本的水平状态已经发生了改变，左手向上升了，右手向下降了。

这个实验证明了，人的意识很容易受到外界因素的干扰。根据这种受干扰程度的强弱，每个人的独立人格的强弱也就可以辨别了。

现代儿童教育心理学中，将孩子分为独立人格过强和过弱两类。

举个例子，一个孩子在画一幅画，另一个孩子在一边观看。观看的孩子总是会有诸多意见，一会儿说应该用中号毛笔，一会儿又说应该用大号毛笔；一会儿说应该用黑色，一会儿又说应该用红色，把那个正在画画的孩子指挥得晕头转向。老师走过去问这个正在画画的孩子画的是什么，这个画画的孩子没有第一时间回答，也不是第一时间看他的画，竟是第一时间看向旁边那个一直在指挥他的孩子。还没等他把心里想要求助的问题说出来，那个指挥他的孩子就替他把画的内容说了出来，根本不考虑画画的孩子原本的想法和意愿。

这两个孩子就是独立人格过强与过弱的两个很典型的例子。那个画画的孩子是典型的独立人格过弱的类型，他很容易受外界因素的干扰，表现在性格上就是懦弱、善变、胆小、没有主见；而那个指挥画画的孩子是典型的独立人格过强的类型，这样的孩子总是习惯于将自己的意见强加给别人，强迫别人按照自己的意愿行事，表现在性格上就是霸道、专横、自私、固执，听不进别人的意见。严格地说，这两种人都不能算是具有优良型的独立人格。

具有优良型的独立人格的人应该善于听取外界信息，更善于分辨外界信息，同时，具有一定的自主能力，有自己的主见和原则，遇到事情既不独断专行，也不人云亦云。

3. 淘尽寂寞始见金

总结那些在事业上或是在某个特定领域里取得非凡成就的人，可以发现，他们不但胆量惊人，有勇有谋，更重要的是，他们一定是一个有主见，能耐得住寂寞，守得住孤独的人。

孔子所说的君子的标准，即讷于言而敏于行。用心理学的语言来说，就是一个拥有健康人格的人应该是在说话方面显得有些内向，而在行动方面却是外向的。

不少作家在进行文学创作的过程中，都要承受很长一段时间的孤独和寂寞，但是，他们很愿意承受那份孤独和寂寞，因为，他们能从中找到灵感，从而创作出传世佳作。可以说，正是孤独和寂寞成就了他们的成功。

新事物的发现者和新观念的倡导者也都在不同程度地感受着孤独和寂寞，他们的理念往往不被同时代的人理解、接受和认同，他们甚至被当政者和大多数人称为“反派”或是“异类分子”。

支持“日心说”的哥白尼和伽利略；为了研究炸药，把自己炸得面目全非的诺贝尔；发现了镭的居里夫妇；制造飞机的莱特兄弟；直钩垂钓的姜子牙……他们都是时代的先锋。他们在不同的时代、不同的地域、不同的环境和不同的领域中，坚持着自己的信念，坚持着自己的事业。因为没人理解、支持，他们很孤独，很寂寞，但是，历史最终证明，他们是杰出的、成功的伟人。

乔布斯说：“不要让他人的噪音压过自己的心声。最重要的是，有勇气跟随自己的内心与直觉。”

敢于创新的人不会惧怕任何形式的孤独和寂寞，他们坚信自己能够成功，他们内心很充实，他们乐于享受发现真理的喜悦。

就像那句名言：真理通常掌握在少数人手中。

一种新的思想或物品在被发现和被发明初期通常都不能被大多数人认可，在这种情况下，作为发现者和发明人，必须要有坚定的信念，不能因为人们的反对而动摇。只要能坚持到底，随着人们对事物认知的发展，你的坚持终将会被世人接受。

孤独是一种境界，是淘尽黄沙始见金的优雅。

一个凭海临风的座位，一杯热气升腾的咖啡，一根香烟，一个人坐在座位上慢慢地品味这份孤独，有这份恬淡，这份悠闲，你可以任思绪神游太虚。在这个美妙的时刻，你可以更客观、更真实地观察人生，观察环境，观察自我，为生命之花积蓄力量，让以后的路走得更好。

4. 领导感染力

我担心学生走向社会后会成为不动脑筋的追随者（follower），而不愿做个有担当、可以独当一面的领导者（leader）。

如果我们总想着迎合别人的想法，当跟屁虫，那我们就可能成为被动思考者。

职场有这样一类人，在他们心里，事情做得好坏并不重要，重要的是能让上司高兴。他们的做事原则就是“三点论”，概括来说，那就是一切以达到自己不可告人的个人目的为出发点，一切以上司高兴为根本点，一切以厚颜无耻的拍马屁为着落点。

从这种人的“三点论”来看，他们没有主见，也不分是非曲直，这样的人也许在某个时期会很受上司的欢迎，因为喜欢被拍马屁的上司大有人在。但是，不要忘了，上司能坐到领导的位置，必有过人之处，至少不全是糊涂蛋。他虽然喜欢被拍马屁，但他同样应该知道，拍马屁的人是缺乏主见的人，这种人在关键时刻是无法担当大任的。

所以，当上司的马屁被拍烦了的时候，或者上司已经不需要拍马屁的时候，这种持“三点论”的人就命运堪忧了，弄不好会被上司的“马蹄”一蹄子给踢飞了。

其实，每个人都有自己的原则和立场。任何事情，总会有人站在正面，有人站在反面。在这种情况下，想要在人际交往中左右逢源，不得罪任何人，还想要所有人都说自己好，那根本就是不可能的事情。

如果你没有明确的立场，而是一味地讨所有人的欢心，那么，就算别人会喜欢你，也不会尊重你。

因为尊重来自你的实力，来自你的独立人格，而不是你谄媚的笑脸。

一味地谄媚他人，只会让自己与他人在人格上处于不对称状态，在这种状态下，他人很可能会瞧不起你。如果我们过于顾忌别人的看法和意见，总在猜测别人的心思，察言观色，我们自己也会觉得做人很辛苦。

其实，你没必要过于在意别人，也没必要一味地迎合别人。凡是认为对的事情，你就应该坚持自己的看法。

参考别人的意见固然有必要，但并不是最重要的。很多时候，坚持自己的原则和立场，坚持自己的观点和做法，反而会让他人对你肃然起敬。

5. 千古得失寸心知

“走自己的路，让别人说去吧！”这句话就是告诉人们，在经营自己生活的过程中，按照自己的意愿生活就好，不要太在意别人的评价。

世间憎人富贵厌人贫的人到处都是，我们不可能堵上所有人的嘴，唯一能做的就是无视那些蜚短流长。

有一个商人和驴的故事，说是有一个商人牵着一头驴去集市赶集，驴驮的都是货物。走着走着，商人觉得很累，就干脆骑到了驴身上。这时，一个过路的人看到了，就说：“这个人太自私了，驴已经很辛苦了，还要骑在它身上。”听了这话，商人忙从驴身上下来了。没多久，到了一座很陡的桥，驴上桥很吃力，商人就打了驴几下。一个过路的人见了就说：“驴驮着货物够可怜了，居然还打它，这个人真是太没同情心了。”听了这话，商人为了让驴能上桥，就将货物扔下了河。刚巧又过来一个人，就说：“居然有人为了驴而扔了货物，真蠢！”商人一听就生气了，把驴也扔进了河里。又有一个人说：“这个人真是太残忍了，居然把好好的一头驴扔河里了。”商人一听更生气了，心想：“我死了，你们就不会再有话说了吧？”于是，他纵身跳进了河里，可还是有人说：“这个人可真蠢，居然想不开跳河。”

故事里的商人就是因为太在意别人怎么看自己了，所以一次次地根据别人的看法做决定，直到最后连自己的生命都失去了，也没能堵上众人的悠悠之口。

有时候，我们之所以觉得活着累，就是因为我们过分在意别人的看法，自己拘囿自己，自己跟自己过不去，最终做出一些自我毁灭的事情。

如果你想按照别人的看法去做人做事，人是做不成了，充其量只能做个木偶；事也是做不成了，充其量只能是照猫画虎。

我们自己有大脑，干嘛做什么都要听别人的呢?

很多人都是这样，总喜欢把自己交给别人托管，他们甚至为自己的没主见找了一个相当完美的借口：我喜欢专制，被别人专制特有安全感。

可是，你想过没有，让别人来掌握自己的命运，不惜生活在一个自己不愿意待的环境中，不惜终日做着一些违背自己意愿的事情，这不是正确的生存之道，而是一种消极的心理状态，它会让人像奴隶一样生存在别人的阴影下。

要想改掉这样的思维模式，可以从以下几个方面进行调整。

首先，多给自己一些独处的时间，好好想想自己需要什么样的生活。想清楚以后，也就有了主见，不至于因为听了周围杂七杂八的胡言乱语而心绪不宁。

其次，就是要多关心自己，培养自己的理性分析能力，不要妄自尊大，也不要妄自菲薄，面对不同意见，要学会判断对与错。

最后，还要学会坚持自己的观点，经常提醒自己：我是一个有主见的人。记住，只有在思想与人格上独立了，才能真正成为一个独立的人。

Part 7 自信

爱因斯坦战胜最大的敌人

给年轻的自己

当你站在百米跑道上时，与其相信对手会犯低级错误，不如相信自己能够超水平发挥。

相信自己不一定会赢，但是，不相信自己就一定会输。

物质决定意识，意识反作用于物质。物质和意识相辅相成，缺一不可。

自信就是一种可以反作用于物质的意识。

有时候，我们会迷信实力，认为实力是硬道理，当实力不济时，我们便会畏缩不前。但是，当今社会千变万化，等你实力已具备时，可能黄花菜已经凉透了。

两个实力伯仲难辨的剑客比剑时，决定他们胜负的已经不是实力了，而是谁更自信！

自信不等于狂妄，自信让我们更兴奋，换句话说，自信就是让我们亢奋的兴奋剂。

相信自己吧！只有相信自己，成功才会相信你。

小时候，我一直认为，最大的敌人，要么是自己的竞争对手，要么是自己最恨的人。

后来，我才知道，真正的敌人不是竞争对手，而是自己。

这个道理，我是通过一次打乒乓球的经历悟出来的。

小时候，我最喜欢的运动就是打乒乓球，我的喜欢已经到了入迷的程度，而且还不是一般的入迷，简直达到了走火入魔的程度。

那段时间，我的乒乓球技提高得很快。最初，我和社区里的同龄小朋友比赛，没多久，同龄小朋友里已经没有我的对手了。于是，我开始找社区里的大人挑战，没多久，大人也打不过我了。这时候，我的球技已经傲视全社区无敌手了。我很骄傲，有一种独孤求败的失落感，直到阿龙的出现才改变了我独步社区的状况。

阿龙和我同岁，刚搬进我们社区不久。他其实不叫阿龙，因为他长得很帅，所以，别人都叫他阿兰·德龙，简称阿龙。阿兰·德龙是法国明星，人长得很帅，可见人们对阿龙的喜欢。阿龙不但人长得帅，而且乒乓球打得也非常好，只不过他性格有些腼腆，平时不太出门，所以，我并不知道他的水平有多高。

有一次，我们在社区里打乒乓球，阿龙朝院子里走来，我们便招呼他过来打球，阿龙犹豫了一会儿，便向我们走来。我们很高兴又多了一个玩伴。

我是擂主，该阿龙上阵了。他一拿起球拍，我就知道他的乒乓球功底非常深，是个劲敌。阿龙的第一个发球我就没接住，他发的球速度很快，而且旋转得很厉害；我屏气凝神，小心以对，可还是不行。没几个回合，我就被阿龙推下了台。阿龙成了擂主。

小朋友们欢呼起来，可是，我的心里却很不爽，因为自己已不是独孤求败了，阿龙的球技明显比我高出一截。从今以后，我只能排第二了。

这让我的心里很不平衡，我暗地里把阿龙当成了竞争对手，和他较上了劲儿。我在心里给自己加油，发誓一定要战胜阿龙。

我开始观察阿龙发球和接球的特点，研究怎样才能克敌制胜，可是，不知道怎么回事，只要一站在阿龙的对面，我就心里发怵。也许是因为阿龙的水平太高了，我越想赢他越是赢不了。

直到有一天，我突然间豁出去了，我不再想着要赢阿龙，只想发挥出自己的水平，打好比赛。出乎意料的是，我赢了。

更奇怪的是，赢了阿龙一次以后，再赢阿龙就不那么难了。

在一次社区组织的青少年乒乓球比赛中，我和阿龙双双杀进了决赛。决赛那天来了很多观众，我的父母也来了，大家都期待着一场精彩的巅峰对决。我也很想战胜阿龙，拿到自己的第一个乒乓球冠军。

但是，灾难又一次降临了。当听到父母和同伴喊“加油”时，我的大脑像短路一样，突然间好像不知道该怎么打球了，手也不听使唤地开始发抖。我像梦游一样，转眼之间连丢了三盘。等我头脑清醒时，比赛已经结束了。

这次比赛对我打击很大。回到家后，我一天一夜都没有吃饭，我躺在床上翻来覆去地想，自己究竟输在哪里？

后来，我终于想明白了，我没有输给阿龙，而是输给了自己！

因为太想拿冠军，太想赢阿龙，太想让父母看到自己的水平，结果，我背上了沉重的包袱，这些包袱在比赛中变成了强大的心魔，导致我发挥不出实际的水平。这就是我失败的真正原因。

如果我不是想得太多，那么，我很可能会赢得比赛。

我的对手不是阿龙，而是我自己。

听了我的经历，你一定会有相同的感受。很多时候，我们不是在和对手比赛，而是在和自己比赛。

大科学家爱因斯坦也有着相似的经历。

爱因斯坦小的时候十分贪玩，他和一些小伙伴经常到草丛中捉蛐蛐，一起爬树掏鸟窝。母亲非常担心他过分贪玩而耽误了学业，反复告诫爱因斯坦不要玩物丧志。可是，爱因斯坦却是个油盐不进的主儿，任凭母亲怎么苦口婆心，他依旧我行我素，想干什么就干什么。

爱因斯坦的父亲也非常恼火，不过，他没有贸然行动，直接去劝阻爱因斯坦。直到有一天，爱因斯坦正在河边兴致勃勃地钓鱼的时候，父亲来到了儿子身边。

“孩子，你能不能暂停一下？爸爸想给你讲个故事，你看行不行？”父亲用商量的口气对爱因斯坦说。

爱因斯坦听着父亲的口气很和蔼，但看到他的眼神中却透着一丝威严，不由放下了手中的钓鱼竿。

父亲说：“昨天，我们家附近的大烟囱被堵住了，我和杰克叔叔去清理。要上那个烟囱，必须顺着烟囱里边的钢筋踩梯才能爬上去，于是，杰克叔叔在前面，我跟在他后面，一级一级地向上爬。钻出烟囱的时候，我发现，杰克叔叔浑身都是烟灰，可我的身上却一尘不染。看着杰克叔叔像炭一样黑的脸，我想，我的脸可能也黑得像炭一样，于是，我就到旁边的河里洗了洗。这时候，杰克叔叔看到我从烟囱里出来后身上和脸上都很干净，就以为他的身上和脸上也是干净的，于是，他连洗都没洗就直接回家了。当他大摇大摆地在街上行走时，街上的人把肚皮都笑破了，他们说杰克叔叔给他们带来了从未有过的快乐。”

爱因斯坦听完也忍不住哈哈大笑起来，这时候，父亲用很严肃的口气对爱因斯坦说："孩子，杰克叔叔为什么闹了笑话？因为，他把我当成了参照物。可是，我们两个人有着迥然不同的做事风格，我怎么能作为他的参照物呢？这个道理其实也可以用在我们的为人处世上。在这个世界上，谁也不能做你的镜子，只有你自己才能成为你的镜子，拿别人当镜子，只会做出错误的判断。"

爱因斯坦立刻明白了父亲的意思，他幡然悔悟。从此，爱因斯坦再也不和那些调皮的孩子一起玩耍了，他开始独立学习和思考。当爱因斯坦发表"相对论"时，有人因为看不懂而在媒体上骂他是疯子，但是，爱因斯坦仍然坚持自己的理论。直到第一颗原子弹在日本爆炸时，人们才意识到，爱因斯坦的理论是多么伟大！

爱因斯坦的成功，在于他驱走了心里的魔鬼，找到了真正的自己，同时，他时时用冷静、理性的眼光审视自己，改正自己的缺点。最终，爱因斯坦战胜了自己，为人类做出了巨大的贡献。

人的一生实际上就是自我改进、自我调整的一生，当我们遭遇困难或强劲的竞争对手时，胆怯、骄傲都会成为我们最大的敌人。克服困难，战胜竞争对手，实际上就是要战胜自己内心的胆怯和骄傲，把自己的状态调整到最佳。

我们的目的不是战胜竞争对手，而是战胜自我，超越自己。但是，怎样才能战胜自己的心魔呢？我想，还是让我们从建立自信心开始吧！

1. 日本球员的抗干扰能力

很多人应该还记得，在我们读小学的时候，老师常说的一句话：做一件事的时候，只要有自信心，就已经成功了一半。

一个有自信心的人在面对困难的时候，总是能镇定自若，临危不惧。在他人看来，这就是一个可以依靠、可以信赖的人。

篮球巨星乔丹在篮球场上之所以那么骁勇善战，所向披靡，除了拥有过硬的技术之外，最重要的就是他是一个非常有自信的人。

乔丹经常跟对手说："在我走进球场的时候，就已经做好了所有的准备，如果你选择了跟我对抗，那么，我希望你也做好所有的准备。如果你没有足够的拼杀决心，那就等着被我痛打吧！"

正是因为乔丹拥有这份超强的自信心，这种所向无敌的气势，才能在每一场比赛中都有出色的发挥，才能获得一项项至高无上的荣誉。

现实中有这样一种人，他们实力非凡，才华出众，但是，他们却在该展现才华的时候出人意料地掉链子。之所以出现这种情况，究其原因，就是他们缺乏自信。

我们的人格中往往有两个"我"，一个是"客观的我"，一个是"主观的我"。所谓自信，就是"主观的我"给"客观的我"加油助威。

"客观的我"具有稳定性，而"主观的我"却很难捉摸，我们的一些负面情绪，如自卑、自大等都是"主观的我"在作祟。

战胜自我，实际上就是战胜“主观的我”，让“主观的我”变得更强大。

拳王刘易斯曾经这样说过：“在准备上场的时候，我就已经是一个瞎子和聋子了，那些不屑的眼神和冷言冷语，我从来都看不见也听不到。我不会让任何不良信息进入我的大脑，影响我的心绪，因为在每一场比赛中，我都要保持绝对的自信心。”

事实的确如此，要想让自己变得自信，除了自身因素之外，抵抗外界干扰的能力也不可小觑。

一般来说，凡是拥有超强自信的人，都是情绪控制能力很强的人，他们在做事的时候，不但能够控制住不良情绪，而且还会激发自己的正面情绪。

但是，在日常生活中，我们经常看到一些神经过于敏感的人，他们被一些琐碎的小事困扰，别人的一句冷淡言语，一个眼神，或是一个手势，都能让他的情绪受到影响。这样的人通常对生活缺少安全感，他们习惯于从周围的一切事物中寻找会让自己受到伤害的不良因素。

日本人就很会利用对手的这个弱点。

一次在亚洲杯比赛中，淘汰赛阶段时，日本队与约旦队经过一百二十分钟的鏖战后打成平手，不得不进行残酷的点球大战。在点球大战中，双方前三名球员均把球踢进了对方的大门，双方依然打成平手。这个时候，不管谁出现失误，都有可能直接决定比赛的结果。就在大家的心脏都快跳出胸腔的时候，日本队突然提出了一个匪夷所思的要求：他们认为踢点球的那个球门前的草坪不太好，要求换到另一个球门踢点球。

按理说，以草坪不好为理由要求更换球门是站不住脚的，对手不也在那里踢吗？但是，主裁判经过考虑后，竟然答应了日本队的要求。

就是更换球门这个细微的变化让比赛发生了戏剧性的转变。在最后两粒点球中，约旦队出现了失误，而日本队两粒点球全部命中。

就这样，日本队莫名其妙地淘汰了约旦队，挺进到下一轮。

说是莫名其妙，其实并不难理解。更换球门虽然对双方来说是公平的，但约旦球员的心理却受到了一种微妙的干扰，在对心理素质要求非常高的点球大战中，哪怕是微乎其微的心理变化都会影响到球员水平的发挥。

而日本球员却没有受任何干扰，所以说，日本队的胜利得益于日本球员在抗干扰能力上战胜了对方。

穿衣服是为了保护身体不受伤害，在精神层面，我们也需要有一个保护层来保护自己的精神不受伤害。我们应该在自己的信息采集系统内设置过滤器和保护层，以过滤和抵御外界的不良因素，避免自己受到影响。与此同时，我们还要经常给予自己一种心理暗示，告诉自己：你很棒，你能行，从而不断增加自己的信心。

2. 培养自信心的妙方

自信的人总是能让他人感觉到一种气场。一个拥有自信心的人的成功几率比一个自卑的人要高得多，因此，培养自信心是一件很重要的事情。

下面就从几个方面介绍一些培养自信心的方法。

第一，肯定自己。

要想培养自信心，首先要做的就是要学会肯定自己的想法和决定。当我们讨论一件事情该怎么做的时候，如果你的设想得到周围人的认可和肯定，那么，你就会对接下来要说的话或要做的事信心百倍。

第二，欣赏自己。

一般来说，人们都会对好的优秀的东西追捧和跟从。了解了这个道理，我们就应该明白，要想获得自信心，不妨先找出自己身上的一些优点，再把所有优点都集中起来，或是写在纸上，然后进行自我激励，告诉自己：我是一个优点很多、很优秀的人。久而久之，就会慢慢树立起自信心。

第三，想到就去做。

自卑的人都习惯于在心里想很多事情，但是，就是不敢将这些想法付诸实施，他们总担心别人会笑话或否定他的想法。其实，谁都无法预测未来，有了想法不妨大胆地去做，对错都没有关系，只要敢去做就是一种成功。一定要记住德国文豪歌德的一句话：不管你能做什么或想做什么，去做吧！勇敢本身就蕴含着天分、力量与神奇的魔力。

第四，给自己一些心理暗示。

心理是意识范畴的东西，好像很虚无缥缈，但心理对人的影响却非常大。在做事之前，如果我们能在心里对自己说“我能行”“我很棒”“我一定能把这件事情处理好”之类暗示性的话，那么，我们就会力量倍增。

第五，培养娱乐兴趣。

一般来说，在参加唱歌、跳舞或是溜冰等娱乐活动的时候，我们的心情都会比较放松，也能缓解压力。经常参加类似的娱乐活动，人也会变得开朗、乐观。所以，培养娱乐兴趣对建立自信心也很有帮助。

第六，有时候要放过自己。

很多自卑的人会因为自己犯的某些错误而耿耿于怀，不能原谅自己，久而久之，不管做什么事情都畏首畏尾，生怕自己再犯什么错误。其实，每个人都会犯错误，只要知错能改就行了，没必要一直耿耿于怀，拘囿自己。

第七，把事情看得淡一点。

人之所以会在做事情时感到紧张，觉得没有信心，很大程度上是因为把这件事情看得太过严重了，总是患得患失。我们不妨把心放宽，把事情看淡一些，别给自己那么大的压力，这样反而会得到意想不到的结果。

第八，培养良好的个人习惯。

信心十足的人都有一些很好的个人习惯，那就是走路速度很快，不四处乱看，更不会漫无目的地游荡；坐着的时候脊背挺直，从容自信；跟人说话的时候，精力集中，眼睛炯炯有神，说话掷地有声；讲话很有条理，观点明确，并经常配合肢体语言来强调自己的讲话内容。这些特点值得我们借鉴。

第九，保持客观心态。

自卑和自大都属于不具备客观心态的人，面对事物、面对自己时，他们要么过分悲观，要么过分乐观。我们要做的就是客观地去看待这个世界，接受好的，也要接受不好的；不应该妄自尊大，更不能妄自菲薄，这样自信就会离我们越来越近了。

3. 卑与傲的一线风景

自卑与自傲是一对孪生兄弟，而且这对兄弟相互并不排斥。

自卑的人时不时会露出自傲的一面，而自傲的人也时不时会表现出隐隐约约的自卑感。

你可能觉得很奇怪，自卑与自傲，这两种完全对立的情绪怎么会戏剧性地集中在一个人身上呢?

其实，原因很简单，无论自卑还是自傲，都是一种心理不稳定的表现。心理不稳定了就会震荡，就像股市，牛市的时候会涨过头，而熊市的时候又会跌过头。

一个心理不稳定的人的外在表现就是，一会儿自卑，一会儿又自傲。

心理学上认为，人们对自己认知的定位不准确导致了自卑心理的产生，通常都是因为自身因素或是外界干扰，而过于低估了自己的能力，觉得自己在很多方面都不如别人，从而在为人处世上采用消极心态。

自卑的人遇到问题时，不是第一时间去面对，去解决，而是暗示自己逃避，能躲就躲。这是心理不健康的一种很典型的表现。

众所周知，一个人的家庭出身、学识、学历、相貌和社会地位等，都是影响到人们对自己认知定位的重要客观因素。

如果我们拥有凯特·温斯莱特那样姣好的面容，或是拥有阿兰·德龙那样英俊的面孔，或是有一个坐拥亿万家产的父亲，或是某世界500强企业的CEO，那我们肯定会产生优越感，而优越感一过了头，就变成了自傲。反之，如果我们的父亲是一个修鞋匠，如果我们只是一个看大门的门卫，如果我们的长相和《巴黎圣母院》中的敲钟人卡西莫多一样，那我们或许就会觉得自己低人一等。当这种低人一等的感觉很强烈时，很可能就会变成自卑。

并不是所有人都能含着金汤匙出生，即使生来富贵，走进社会也同样要靠自己去打拼。很多事业有成、拥有一定社会地位的人，都是白手起家的，而且，他们也不一定相貌出众，学识过人。所以说，即使客观条件很差，也没有必要自卑。

获得成功需要很多条件。如果客观条件差，就更应该相信自己主观的努力；而那些客观条件好的人，很有可能在能力上很差，所以老天才会拿很多客观条件对他们进行补偿。没有给你补偿，正是因为你的能力很强。

如果能这样想，那我们就不应该自卑，相反，我们应该自信满满，不辜负老天的好意，做出成绩来给大家看才是。

产生自卑心理的原因，还包括个人的心理因素。

很多时候，一个自卑的人经常会在心理上给自己一种消极的自我暗示，比如，“我不行”“太难了”“不可能”，等等。这样的自我暗示多了，久而久之，我们就会更加觉得自己不如别人。不仅如此，我们还会变得敏感、多疑，担心别人瞧不起自己，总以为别人跟自己过不去，结果让自己陷入更加被动的境地。

自卑不仅会让我们心理不平衡，影响生活和工作，还会让我们产生生理上的疾病，损害我们的健康。医学研究证明，有自卑心理的人更容易患心脑血管和消化系统的疾病，这些疾病反过来又使自卑心理加重，从而陷入恶性循环。

科学哲学家费耶阿本德的话是对我们的很好提醒，他说："试着去挑战禁忌，接触各式各样的假设吧！不要在心里先对自己设限，把自己束缚起来，这样是无法让自己看到海阔天空的。"

老祖宗教导我们要不卑不亢，但是，我们最容易犯的毛病正好是过卑过亢。

谈到卑与亢的话题，我想到日本作家国友隆一曾以商人为例说过：有些商人不愿做顾客的仆人。他觉得这种想法很可怜，"我们错误地以为替别人做事的就是弱者，只有让别人为自己做事才是强者。这种人总是用强弱关系衡量人际关系和社会地位，他们根本无法理解强者为弱者工作，和人们之间互相合作的价值。"这话说得极为恳切，不倚仗自己的强势，谦卑地为人服务，与人为善，一定会为自己带来更多机会。

4. 找到未知的那个彼方

这个世界上，没有任何两片树叶是完全相同的。

人也一样，每个人的相貌、声音、指纹，以及脾气、秉性都跟别人不同，没有哪两个人是完全相同的，即使是双胞胎，他们的DNA也不一样。所以说，在这个世界上，每个人都是独一无二的。

因为性格和个人经历的不同，每个人可能遭受的挫折和所能取得的成就也不一样。

在某一个特定的时间和场合，我们可能是成功的，但是，时移势易，在另一个领域和时间里，我们很有可能就是失败者。

很多人都有一个毛病，就是喜欢拿自己跟别人做比较。

小时候只要不听话，妈妈总是会说："你看隔壁家的小朋友多听话啊！从来不惹妈妈生气，跟人家比起来，你差太远了。"当你考试成绩不好的时候，老师就会说："你看同桌的成绩多好，跟人家比，你真是差远了。"这样的例子不胜枚举。有这样的成长经历，久而久之，我们就会养成跟别人比较的毛病。

其实，这样的比较很不科学，至少是一种没有可比性的比较。

自负的人喜欢拿自己的优势跟别人的劣势比，自卑的人喜欢拿自己的劣势跟别人的优势比。这两种比较都是不科学也是不健康的，而且毫无意义。

每个人的能力、才干、缺点，以及人生目标和价值取向都不同，怎么能做比较呢?

如果一个同学会英语、日语、法语等多种语言，那么你可能会觉得他的语言能力比你好，但是你没必要因此就觉得自己不如他，因为他很可能对于你所精通的钢琴、吉他、古筝等乐器一窍不通。

想到这些，你还能简单地说，你们之间究竟谁好一些，谁差一些吗?

也许有人会说，可以拿成就做比较，这同样是一派胡言。

在商界享有盛誉的李嘉诚和一个刚刚大学毕业、正在酒店里端盘子的服务生有可比性吗?

在财富的拥有上，毫无疑问，李嘉诚拥有的比那个服务生多得多，但是，如果比年龄和机会呢?李嘉诚已近暮年，而那个服务生的人生才刚刚开始，没有人能预测他的未来。这样再看，你能比较出他们两个谁更优秀吗?

人们对自己的定位及衡量事情的标准，都将影响着人们对自己在这个社会所处的位置的判断。经常拿自己跟别人相比，只会对你的自信心及个人发展产生不良影响。

我经常鼓励学生，“自己是谁”比“要成为谁”更重要。

挖掘自己的优点与长处，而不是一味地与别人做比较，模仿别人，这样更容易走上成功的道路。

“每个人都能发现自己的价值，这就是最好的成功；不做成功的人，而要做有价值的人。”这是爱因斯坦曾经说过的话。爱因斯坦的话说得富有哲理。你越想成功，越容易迷失自己，反之，如果你只是追求和享受过程，对成功淡然处之，成功也许会不期而至。

5. 自己是自己的最大敌人

自己是自己的最大敌人。如果你认识了自己，那你就认识了敌人；了解了敌人，就能够趋吉避凶了。

一个人如果不能正确地认识自己，就很可能会走上一条并不适合自己的弯路，而且永远也到达不了目的地。

这很像我听过的一个故事。

一个水手想过河，他本来可以轻松地游过去，可是，他被别人忽悠，选择翻山过去。水手放弃了自己游泳的长处，而选择他不擅长的翻山，结果被山里的女妖抓走了，没能到山那边。

著名文学家歌德也一样，他在年轻的时候选择了绘画，以为可以在绘画方面取得一番成就。可他没想到，无论他怎么学也学不到精髓，画了十几年，他仍然没有画出一幅自己满意的作品。歌德对自己的选择进行了反思，认为自己并不适合绘画，他对自己进行了重新定位，并最终走上了文学创作之路，在世界文学史上留下了辉煌的篇章。

惠普公司的前执行官菲奥莉娜也是如此。有一段时间，她梦想成为古典钢琴家；后来，为了继承父亲的衣钵，又改念加大洛杉矶分校法学院。但是，她发现自己定不下心来，于是决定休学。她清楚了自己的兴趣所在后，毅然决然转换跑道。菲奥莉娜说，放弃法学院是她一生当中最困难的决定，她却觉得因此如释重负。她最终做了她想做的事——成为了全美第十三大公司的执行官。

如何对自己进行自我认知呢？可以从两个方面来实现。

第一，通过自我观察来认识自己。

自我观察就是自己观察自己，自己分析自己。通过日常生活中记忆、理解、想象、观察、推理等其中比较稳定的因素，就可以确定自己在智力实践活动中的能力，再通过这些智力实践活动，我们就可以了解自己拥有怎样的记忆、理解、想象、观察、推理等能力，根据这样的判断和定位确定自己下一步的人生目标。

第二，通过认识别人来认识自己。

我们拥有什么样的性格、脾气和能力，都可以在与人交往的过程中表现出来，所以，可以通过认识别人来认识自己。如果别人有困难的时候喜欢来找你，就说明你是一个有爱心、乐于帮助人的人；如果别人有理财上的问题来找你帮忙，就说明你在理财方面具有一定的能力。心理学家把这些现象称为“镜子中的自己”。

只有把别人当成镜子，才能正确认识自己，才能知道自己能达到什么样的人生高度。

只有正确认识了自己，才能为自己制定正确的人生航标，尽早走上一条适合自己的成功之路。

自己是自己的敌人，而且这位可怕的敌人会如影随形地跟随，一刻也不离开。面对这样的敌人，我们不能有任何的懈怠；我们要建立坚固的心理防线，随时随地防范敌人来袭，才能战胜这个终身大敌，让生命绽放出熠熠光彩。

6. 灿烂烟火中的永恒不灭

孔雀拥有美丽的羽毛，而且喜欢在人多的时候开屏，尽情展示自己的美丽，所以，它才获得了人们的赞美和羡慕。

这是一种精神，一种敢于正视自己的能力，敢于肯定自己的能力，敢于展示自己能力的精神。

不管孔雀也好，还是我们人类也好，都是一样的，凡是充满自信，敢于展示自己能力的，都值得大家尊敬。

可是，很多人做不到这一点，他们在面对事情的时候，总担心自己会处理不好。其实，并不是他们处理不了这个事情，而是他们过不了自己这一关。

不管在生活中，还是在工作中，一个缺少自信心的人总是表现得孤僻、胆怯、畏缩，他习惯于保留意见，不主动做任何事，有才华也不积极展示。久而久之，周围的人就会逐渐对他们敬而远之。

这样的处世方法一定会导致工作不愉快、家庭不和睦，而自己的心情也会变得更加阴郁，想要做出突出成绩就更难了。

所以，一个人如果想维系一种良性的关系，想要工作顺利、家庭和睦，就不能总是隐蔽自己，而要试着跟周围的人交流，学会把自己的想法和意见表达出来。

东方国家的学生有一个很不好的学习习惯，即不敢提出不同的意见，不敢反对老师。其实，这样的学生并不适合当代社会的需求，因为他们害怕冲突，不懂得从不同意见中找出更好的答案。

事实上，当与他人意见不合时，我们正好可以换个立场思考问题，从而找到更好的解决方法。

不仅个人需要这种勇于展现自己的精神，企业的经营也同样需要这种精神。

英特尔公司就有所谓的“建设性冲突”的行动性方针。“建设性冲突”意味着意见对立不是不好，而是必要的，并且应该在推动技术革新中放进建设性的冲突。出现相反意见的时候，要对事不对人，从“建设性”的角度出发，把自己的想法完全表达出来，以增进良性互动。

具有这种精神的人，通常还具备以下几个特质。

第一，坦然。

善于展示自己的人在与人交谈的时候，都会专注地看着对方的眼睛，坦然自如；身体自然放松，不拘束。

在任何情况下，我们都要坚持自己的原则和观点，做到表里如一，不要趋炎附势，人云亦云，保留自己的意见。

第二，主动。

善于展示自己的人，在日常生活中，一般都是积极热情的，面对任何事情都能采取主动，在第一时间做出反应；具有强烈的责任感和使命感，有想要保护别人的潜意识；善于创造机会和把握机会，适时展示自己的能力和才华；懂得欣赏他人，能够发现别人身上的优点，并不吝惜给予别人赞美。

第三，尊重。

善于展示自己的人一般都懂得尊重别人，善于听取别人的意见和见解。

所以，在表达自己的观点、要求和权利的时候，要尊重和顾及他人的同等权利；对待事情能够做到客观、公正，面对任何事情都是对事不对人，不轻易对别人产生偏见。

第四，勇敢。

要敢于在任何场合大声说出自己的意见；对于别人的一些不公正的要求，我们不要屈从，要敢于质疑，敢于反对；当自己的权利受到侵犯的时候，要敢于说“不”，敢于表达自己的愤怒；在与他人交流的时候，不要因为权势、地位等原因趋炎附势，而要敢于表达自己的见解和看法。

Part 8 面对失败

迪伊·霍克的不惧

给年轻的自己

如果成功之前要经历十次失败，那么，每次失败都等于十分之一次的成功。

成功不是空中楼阁，而是一座坚实的建筑，搭建它的基石就是失败。

没有失败的成功，极有可能在转瞬间又被失败淹没，而经历过多次失败获得的成功，则会把我们带向新的成功。

曲线之所以比直线更美丽动人，就在于它的波折曲转；彩虹之所以动人心魄，就在于它是在狂风暴雨之后横空出现；成功之所以精彩，就在于它是由失败铺垫而成。

没有失败的成功，还能让你兴奋吗?

如果你能领会到这一点，你还会对失败心生厌恶吗?

失败的特点就是欺软怕硬，当你在失败面前沮丧、怯弱时，它就会更加不可一世，但是，当你在失败面前勇敢、无惧时，它就会知趣地从你眼皮底下消失。

当你遭遇失败时，往往距离成功只有一步之遥，坚持向前，你就可以看到成功；转身放弃，你就一败涂地。

对于失败，我的心理共发生过两次变化，但这两次变化都与“喜欢”

沾不上边。

第一次失败使我对失败恨之入骨。

小时候，我很调皮，是个孩子王。我曾经干过一些大事，比如，我曾经独自打死了一条花蛇；我曾经把绳子拴在腰上，然后沿着悬崖（所谓的悬崖，也就是稍陡一点的山坡）爬到一个野鸽子窝边，掏走了两只幼鸽；我曾经在语文老师的课堂上，趁语文老师在黑板上写字的时候，用油笔在她背上写下了“I love you”。这些“惊天动地”的大事让我在校园里声名鹊起，人气节节攀升，并且，与我节节攀升的人气相对应的，是我的成绩也一直非常优秀。但是，初二年级的期中考试则让我首次品尝到了失败的滋味。

考数学的时候，有一道应用题我不会做。其实这类题型的解法老师曾经讲过，但是，因为上课时我没认真听讲，所以没有掌握。当看到这道题时，虽然似曾相识，终究不会解答。考试成绩下来后，我一看成绩单，大写的“F”就像一把阴森森的手枪在瞄准着我。

我的心碎了，一年以来建立的“舍我其谁”的自信心刹那间崩塌，从那以后，校园里那个意气风发的我消失了，我变得沉默寡言。在品尝失败的苦涩时，我对失败产生了强烈的憎恨。

第二次失败发生在我工作后的第一年。那一年，我加盟了一家大型商业保险公司，雄心勃勃地想做出一番成就，可是，一年下来我连一个大的保单都没签到。年底，经理给我发工资时，用很委婉的语气告诉我，我被裁员了。

这次失败对我来说是致命的，它让我的自信心彻底消失，并且给我的心里蒙上了一层浓重的抹不开的阴影。我不愿去面对工作，甚至连找工作的勇气也没有了。

这次失败让我对失败有了一种深深的恐惧感。

我痛恨并惧怕失败，可是，失败却像影子一样跟着我。在失败面前，我无可奈何，甚至对今后的人生感到绝望。

后来，我看了迪伊·霍克的故事。迪伊·霍克是世界商业大亨，曾经入选过“企业名人堂”，美国《金钱》杂志把他评为“过去二十五年间最能改变人们生活方式的八大人物”之一。迪伊·霍克虽然身家亿万，却经历坎坷，他在失败面前所表现出的那种不恐惧、不气馁的精神深深感染了我，我的内心产生了很大的震动，面对失败的态度也开始改变。

现在，就让我们一起来看看，在失败面前，迪伊·霍克是怎么做到不恐惧、不气馁的。

1924年，迪伊·霍克出生在美国犹他州，小时候的迪伊·霍克顽皮、活泼，无视学校和教会的规矩，常常做出一些狂妄的悖逆之事。

迪伊·霍克对学校老套的教育方式很反感，十四岁的时候，他就不想在学校待下去了，想找个工作挣钱。可是，十四岁是不允许工作的。迪伊·霍克竟然伪造了一份洗礼证书，将证书上的生日提前了两年，这样，迪伊·霍克摇身一变，成了一个十六岁的少年。

凭着这份伪造的洗礼证书，迪伊·霍克在一家罐头厂找到了一份倒污水的工作，开始了艰辛的成长之路。为了挣钱，迪伊·霍克在奶牛场做过杂工，闻过牛圈臭烘烘的牛粪味；在码头当过搬运工，体验过在包裹的重压下肩膀针扎般的疼痛；在屠宰厂当过工人；在农场当过农药喷洒工……年幼的迪伊·霍克品尝到了生活的种种艰辛，不过，这也培养了他不畏艰苦、不怕失败的坚强个性。

迪伊·霍克幼年弃学让父母很失望，因为在父母眼里，没有扎实的文化知识和专业技能是无法在社会上生存的。迪伊·霍克这么早就离开学校，如此离经叛道，今后又能有多大出息呢?

然而，迪伊·霍克却对自己很有信心。二十七岁那年，迪伊·霍克在一家消费金融公司找到了一份业务员的工作。

在公司，迪伊·霍克的才华得到了充分的展示。他带着几个年轻人大胆创新，使公司得到了高速发展。但是，迪伊·霍克过于叛逆的个性和超前大胆的工作作风让公司的管理层惴惴不安，最终，他们把迪伊·霍克赶出了公司。

迪伊·霍克再一次遭到失败，不过，失败对他来说已经不是第一次了，他早已经不惧怕任何失败了。

迪伊·霍克又开始找工作，可工作并不好找。无奈之下，他到美国国家商业银行当了一名实习生，做一些杂活、琐事，忍受着部门经理的呼喝和调遣。这让迪伊·霍克心里十分憋屈，但是，他始终没有放弃，他相信凭着自己的才华一定能让生命绽放光彩。

1967年，四十三岁的迪伊·霍克饱经失败的折磨，但他的双眼仍然神采奕奕、炯炯有神，他没有放弃，他还要继续努力。

迪伊·霍克的机会终于来了。这一年，美国国家商业银行要开发信用卡业务，迪伊·霍克主动向公司请求协助开展这项业务，并提出了自己极具创新意识的建设性意见。银行高层经过研究，同意了迪伊·霍克的请求。

迪伊·霍克没有浪费这次机会，他根据自己多年的管理经验创造性地发展出了一套“价值交换”的全球系统，成立了“VISA”组织。在以后的二十多年里，这个组织一直是世界最大的支付技术公司，连接着全世界二百多个国家和地区的消费者、企业、金融机构和政府，帮助人们更方便地使用虚拟货币，代替现金和支票。

迪伊·霍克经历了一箩筐的失败，可是，他却把失败当成了美酒。迪伊·霍克不惧怕失败，没有在失败面前裹足不前，始终坚持自己的追求，终于创造了奇迹。

相比迪伊·霍克经历的失败，我经历的那些失败简直不值一提，或者压根儿就算不上失败，可就是这些不值一提的挫折却让我在很长的一段时间里一蹶不振，自暴自弃，甚至对生活失去了信心。现在想想，我是多么的脆弱，多么的不堪一击！

如果你正遭受着失败的煎熬，那么，想想迪伊·霍克吧！想想迪伊·霍克是怎样面对失败的，你就会坚强起来，勇敢面对自己的失败。

失败不可怕，可怕的是我们不敢面对失败。

战胜失败，我们首先要战胜自己。

而要战胜自己，我们就要克服恐惧心理。

克服恐惧心理，首先就是面对失败时不害怕，即“不惧”。

下面，就让我们从“不惧怕失败”开始，走出战胜失败的第一步。

1. 成功是经过许多次大错之后才得到的

人生不如意事情十之八九，换句话说，挫败是人生常态的一部分，如果理解了失败是“常态”，那么，就不会有“怎么这么倒霉，偏偏让我碰上了”的“偶然”心态。具备这样的心理素质后，就不会再对失败感到恐惧了。

“一帆风顺”这个词只在祝福语中才会出现，如果说谁的生活一帆风顺，那一定是新手作家在拙劣的小说中虚构出来的情节。

人类在发展的过程中遇到了很多阻碍与干扰，每个人都是人类的一个分子，所以，人类的发展史就是每个生命个体发展的缩影。既然由每个个人组成的人类在发展进程中都遇到了很多阻碍与干扰，那作为小分子的我们当然也会遇到失败的骚扰。

没有经历过挫折和失败的人生是不完整的人生，就像没有沙子的磨砺，就不会有钻石的璀璨夺目一样，如果没有挫折的考验，也就没有不屈的人格和令人敬畏的执着。

正是因为有了挫折，才有了所谓的勇士与懦夫的分别。著名文学家巴尔扎克曾说过，挫折和失败是天才的晋升之阶，信徒的洗礼之水，能人的无价之宝，弱者的无底深渊。

失败和挫折既有不可避免性，又有两面性。

同一个东西，视角不同，得到的结果也不同。

看到一张乳房图片，医生想到的是它是否有病变，画家想到的是它的曲线是否完美，色狼想到的是淫邪。

失败也是如此，强者会正视生活中的挫折和失败，不怕挫折，不惧失败，而且很快从这种挫败中走出来，并获得很多宝贵的经验教训，从而取得成功。相反，懦夫遇到失败，只会在挫败的阴影中胆战心惊，就像柔弱的绵羊遇到凶恶的狮子，从此一蹶不振，任人宰割。

失败可能让你走向成熟，取得成功；也可能让你一蹶不振，远离成功。关键就看你怎样去面对。

英国哲学家培根曾经说过：超越自然的奇迹多是在对逆境的征服中出现的。

培根是在告诫我们，适度的挫折对于人生有一定的积极意义，它可以帮助我们驱走人性中的惰性和焦躁，激发人的斗志。

挫折就是一块磨刀石，它能把我们的斗志磨得更旺；挫折是一台测谎仪，它能让我们感觉到软弱者狂乱的心跳；挫折是一面照妖镜，它能照见人性中丑陋的一面。

那么，我们应该如何正确看待挫折、把握挫折呢？

首先，你要明白，挫折是可以帮助你成长的。

一般来说，人的成长过程就是为了适应社会要求而不断调整、完善自己的过程。如果能快速适应，我们就能跟上时代的脚步，全面发展；如果不能适应，我们就会被时代淘汰，全面落后。

因此，要想适应社会，就要学会调整自己的动机、追求和行为。我们不仅要抬头看天堂，还要低头看地狱；我们不仅要看到玫瑰花的艳丽多姿，还要看到花刺的尖利。

用一只眼睛看挫折，我们看到的全是雾蒙蒙的阴霾；用两只眼睛看挫折，我们看到的还有明媚的阳光。

一个人在出生的时候根本就不明白什么是对，什么是错，通过父母、学校、社会的教育，以及自己的亲身实践，我们才学会了什么叫做举止得当，在不同时间、不同场合适时调整自己的言语和行为。

德国天文学家开普勒从童年开始便多灾多难。他在母腹中只待了七个月，就因为一次小意外而早早地来到了人间。所以，开普勒的身体很不健康。天花把他变成了麻子，猩红热又弄坏了他的眼睛。但是，这些挫折并没有将开普勒打垮，他凭着顽强的毅力，发愤读书，学习成绩遥遥领先于同龄人。后来，父亲因为欠债，无法继续供他读书，他就开始自己研究天文学。在以后的生活中，开普勒又经历了妻子及好友去世等一连串的打击，但他始终没有被挫折打垮，即使自己的研究成果没有得到社会认可，他也没有停止对天文学的研究。

经过艰辛的努力，开普勒快六十岁的时候，终于摘取到甜美的果实。他发现了天体运行的三大定律，为自然科学的发展做出了巨大贡献，在世界天文学发展史上写下了自己的名字。

面对挫折、磨难，开普勒没有惧怕，更没有被打倒，他把一切不幸都化作了推动自己前进的动力，以惊人的毅力，摘取了科学的桂冠，成为“天空的立法者”。

开普勒的成功就在于他始终用积极的态度面对挫折。

其次，挫折可以增强我们的意志力。

随着生活水平的不断提高，青少年的生活环境越来越优越，他们从幼儿园到大学，再到参加工作、结婚生子，其间所面临的难题和压力，几乎都由父母出面解决了。这就造成了他们对各种困难缺乏体验的现实，在面对挫折时，他们通常都显得缺乏承受力和忍耐力，一旦离开父母的庇佑，他们立刻茫然无措。

从这一点可以看出，挫折是锻炼意志力的一个很好的运动场。当你在这个运动场上大汗淋漓地坚持跑完全程后，你就克服了生活中的种种挫折，就会因此而获得战胜困难的愉悦和更多对生命的感性体验。

曾经有心理学家把挫折比作人的“精神补品”，因为，你每战胜一次挫折，也就意味着你强化了一次自身的力量，为下一次应对挫折提供了精神力量和动力补给。

无数事实证明，从挫折中汲取的教训是迈向成功的踏脚石。

在遭遇挫折的时候，由于应对不当而犯下错误并不是失败，真正的失败是在犯了大错之后，却未能及时从中汲取经验，积蓄力量。

看看成功人士的成长经历，我们发现，许多大公司的董事长、政府高级官员，以及各行业的知名人士都来自贫穷的家庭，他们都曾经历过艰难困苦，都曾经感受过失败和挫折带给他们的痛苦。

把失败的人、平凡的人和成功的人相比，你就会发现，他们的年龄、阅历、社会背景有很多相似之处，唯一的区别就是他们在遭遇挫折时所表现出来的态度。

失败的人跌倒后可能再也爬不起来了，他只会躺在地上不停地抱怨。

平凡的人则很可能会跪在地上伺机逃跑，以免再次受到打击。

成功的人则会立即爬起来，并仔细看一眼他摔倒的那个地方，以免再次摔倒。在清除这个让他跌倒的障碍后，他会积蓄力量向前走得更远。

挫折总是拉着失败的手在不经意间前来打扰你的生活，挫折能够带给你的是得还是失，关键在于你对待它的态度。

那么失败呢？它又能带给你什么？有人说，失败就是一种浪费，一种人力和资源的浪费。

失败后，如果让失败的情绪继续积聚在内心腐蚀、发酵，那的确是一种浪费，但是，如果你能将失败转化成天然肥料，用它来灌溉、滋养成功的种子，那又何尝不是一种合理而有效的资源利用？

失败就如冒险，是人生必不可少的一部分。很多伟大的成功都是在无数次的痛苦失败之后得到的。正如作家萧伯纳曾经说过的那样，成功是经过许多次大错之后才得到的。

任何人想在一朝一夕之间取得成功都是不可能的，每一个奋发向上的人在取得成功之前都要经历无数次的失败，人们需要很多的尝试、耐心和坚持，才能成熟、完善，最终取得成功。不管你是学习操作机器，推销货品，还是谈判、交易，都要经过这样的过程。

智者不是不犯错误，而是避免犯同样的错误；愚人则是不断把同样的错误重复一遍又一遍。

要想成功地将挫折和失败转化为动力，可以从以下几个方面进行。

第一，诚实、客观地分析环境和形势，不要一出现错误就跑得比兔子还快，推卸责任，而应在自己身上找原因。

第二，分析失败的原因，总结经验教训，重新制定计划，采取必要的措施以求改正或改良。

第三，在经历过挫折和失败，准备重新尝试之前，想象自己圆满地取得成功的情景，以增加自己的信心。

第四，把足以打击自信心的失败记忆通通抹掉，绝不让它们影响你的将来。

2. 经验只能当“恋人”，不能做“老婆”

失败的原因有很多，其中很大一部分原因是执迷于某种想法、观念或习惯。在时代不断发展的情况下，过去的成功经验往往显得过时，不再适用，所以，不能一直与过去的经验谈恋爱，要懂得关注局势变化。

有句俗话这样说：“智者莫念昔日功，好汉不提当年勇。”我们经常会被一种叫“经验和真理”的东西蒙蔽了眼睛，束缚了思维，导致自己故步自封，丧失了创新的动力。

经验是不断变化的，就像天上的月亮每天都不一样，所以，我们要把经验当“恋人”，恋人自然要有新鲜感，要随着自己口味的变化而变化。

如果你把经验当成“老婆”，一守就是一辈子，那么，失败就会与你不期而遇。

小时候，我曾经听一个老爷爷这样说过：“要判断一个开水瓶是不是还保温，只需要把耳朵贴近开水瓶口听一听声音就知道了。如果能听到‘嗡嗡’的声音，就说明这个开水瓶是可以保温的，反之就是不能保温的。”

父母曾经跟我说，老爷爷的阅历可以装满一火车，他说的都是对的，所以，我对老爷爷的话深信不疑。只要购买暖水瓶，我都会想到老爷爷传授的这个重要的“宝贵经验”，并马上试验，将它作为衡量暖水瓶保温与否的唯一标准。

直到有一次，我出于好奇心，找了一个已经确定不能保温的开水瓶，想试试是不是像那个老爷爷说的那样。我把耳朵贴在瓶口，居然听到了“嗡嗡”的声音！

那个老爷爷说的不对，他的经验骗了我！霎时，我对老爷爷的崇敬之情消失了。我找到那个老爷爷，把我试验的结果告诉了他，老爷爷不相信。于是，我又在他面前做了那个试验，结果还是一样。

老爷爷的脸红了，他没有吭声，默默地走了。

我非常得意，我为自己推翻了他的“经验”而骄傲。

从此以后，我学会了怀疑一切。

随着我的思想日趋成熟，我对“经验”这个概念有了更深的理解。现在我明白了，那个老爷爷并没有错，只是他说的“真理”只在他生活的那个年代适用，当时代变迁后，他的“真理”也就开始出现了“漏洞”。

这很像Windows操作系统，最初的时候，我们总认为它是安全的，可是，随着黑客的不断攻击，我们发现它存在很多漏洞。于是，微软的工程师们开始天天给这个庞大的系统打补丁。到现在，我们仍然不知道这个补丁打到何时才是尽头。

人类的发展与Windows的补丁很相似。人们每天都会发现新问题，在解决这些新问题的过程中，又有新的经验被总结出来，如此不停地循环，这是一个没有尽头的探索。

人生就是在变与不变之间循环。我们现在看到的这个月亮就是几万年前看到的那个月亮，这就是不变。但是，我们现在看到的这个月亮与几万年前看到的那个月亮相比又有了很多变化，至少我们知道，阿姆斯特朗在上面留下了脚印；至少我们知道，“嫦娥一号”在上面撞了个大坑……这就是变化。

一直用不变的眼光去看问题，那是呆板；时刻用变的眼光去看问题，那是智慧。

成功者在不变中尝试改变，失败者则是在不变中墨守成规。

我们恐惧失败，但失败往往与我们坚守的那些老套经验有关。要知道，经验不是宝，总结经验的过程才是宝。

人们经常说经验可贵，那是不是就意味着我们只能迷信经验，而不能勇敢地走自己的路呢？当然不是！

哲学家亚里士多德曾经说过：真正的经验，就是不迷信所谓的经验。

来看一个故事。

相传在一望无际的沙漠深处有一座与世隔绝的荒废古城，这座古城里埋藏着很多宝藏，想要得到这些宝藏，就必须穿越沙漠，并战胜沿途数不清的机关和陷阱。

沙漠边缘的一个小城镇里有一个勇士决定去这座古城寻宝。他一方面凭借自己灵敏的反应躲避着一个又一个的陷阱；另一方面，为了不让自己迷路，这个勇敢的人每前进一小段路，就会在路上做一个很明显的标记。就这样，他终于走进了沙漠深处，已经能看到那座古城了。勇士很兴奋，他大踏步向古城前进。就在即将进入古城的时候，勇士却一不小心跌入了布满毒蛇的陷阱，顷刻间，勇士就被巨大的毒蛇吞噬了。

很多年后，第二个勇士出现了，他看到前人留下的标记，觉得这一定有人走过。他想，既然有标记在延伸，就说明按照这个标记走过去的人很安全，自己沿着标记走一定不会错。于是，他沿着前人留下的标记前进，结果他也跌落陷阱，成为毒蛇的美餐。

第三个走进沙漠寻宝的也是一个勇敢的人，同时，他还是一个有智慧的人。他并没有轻易相信前人留下的标记，而是觉得这些标记并不可靠，因为，如果这些标记真能带自己成功到达目的地的话，为什么前人都没能寻宝成功呢?

就这样，这个勇敢而有智慧的人决定开辟一条新的道路，他每迈出一步都小心翼翼，扎实而平稳。最后，他终于克服了所有的艰难险阻，成功地避开了一个又一个陷阱，安全抵达了古城，找到了那些令几代人垂涎的宝藏。

这个故事告诉我们，前人走过的路并不一定就是通向成功的，就像早已被众人踏平的大路尽头绝不会藏有价值连城的宝藏一样。

所以说，作为个人而言，想要取得成功，首先要做的就是摒弃原有的思维方式和一些习惯性的想法与做法。

在一个活在过去、迷信经验、不愿意尝试新方法的人的一生中，失败一定会常伴他的左右。

每一种理论都会遇到各种社会思潮的挑战，这是时代发展的必然。

不要以为你有一百二十亿个脑细胞，你就能应付这个变化多端的时代，比尔·盖茨那么聪明，还要召集几万个计算机工程师与他一起工作。想想看，如果我们不思进取，仰仗着曾经积累的那些经验过日子，那么，日子早晚会把我们压垮。

不断变化的时代需要我们思考，只需把自己的一百二十亿个脑细胞调动三分之一，你就可以有奶酪吃，有威士忌喝；如果能调动一半的脑细胞，那么恭喜你，你很有可能让更多的人有奶酪吃，有威士忌喝。

不断变化的时代，我们需要不断学习，把和女朋友卿卿我我的时间挤出来，到图书馆去翻阅几本书，这会让你对经验有更多的认识。

只有采取科学分析的态度，纠正错误和教条式的理解，并且及时提出符合社会和时代发展的新理论，才能不断完善和发展已经形成的理论，让其跟上时代的步伐，永远充满生机与活力；只有不沉迷于过去的经验，不执着于过去的模式，不断更新思想和观念，用新的思维方式去解决新的问题，才能获得新的成功。

3. 与上帝共同坚持到创世纪

很多人都是在离成功只有一步之遥的时候选择了放弃，如果多坚持一会儿，那我们的人生可能就完全不一样了。就像我以前说过的一个案例，肯德基创办人桑德斯上校六十六岁时才开始创业，直到七十多岁才成为富翁。在他创业期间，许多人劝他放弃，但他不为所动。据统计，为了自己的梦想，他一共被打了一千零九次的回票，最后才终于得到认可。可以说，永不放弃，你才能尝到上帝给你烙的馅饼。

“成功会在你所坚持的最后一秒出现。”以前我看到这句话，总觉得跟很多名言警句一样，没有什么特别的，直到我看了那一场篮球比赛之后，才真正明白了这句话的真谛。

我比较喜欢看篮球比赛。一天，偶然看到了一场比赛，虽然我看的时候已经接近尾声了，但就是那几秒钟的时间，我看到了这个世界上最惊心动魄的一幕！

这是一场老虎与狮子之间的巅峰对决，魔术队对骑士队，骑士队是主场，场上比分96：94，时间也只剩下最后的一秒钟了。想在这电光石火的一秒钟内改变结局简直难如登天。

观众席上，骑士队的亲友团们纷纷露出失望的表情，很多人已经准备起身离开了，包括那些站在场上等待最后宣判的队员们。显然，在他们眼里，这一秒钟已经属于垃圾时间，除非骑士队能进入时间隧道，将时间留住或是扳回去。

就在这时，奇迹发生了，不知道谁传了一个球给詹姆斯，刹那间，詹姆斯一跃而起，高空投球，就在所有人都没反应过来的时候，那个球像是一道闪电钻进了篮框。

最后一秒结束了！所有人都沸腾了，我更是张大嘴巴不敢相信自己的眼睛，但是，我真真切切地看到球进了，而且是个三分球！就这样，骑士队胜了，就在最后一秒钟，他们完成了一次几乎不可能完成的绝杀，从而反败为胜，把自己送入了天堂！

原来最后一秒真的可以创造奇迹。这是幸运呢，还是早已注定的呢？

如果骑士队的队员们也像观众那样放弃希望，在最后一秒什么也不做，或是把篮球随便往球场一砸，那么，等待他们的就真的只是失败了，就算是幸运女神给他们机会也是枉然。

看过这场让人心跳加快的比赛之后，我终于明白了，无论何时，只要事情还没有结束，我们就不能放弃，一定要坚持，即使只剩下最后一秒，也不要轻易放弃最后一搏的机会。只要肯坚持，你就可能像詹姆斯一样创造奇迹，让全世界震惊。

有人统计过，在足球比赛中，如果两支球队实力接近，那么，球队在比赛的第七十分钟左右最容易丢球。也就是说，丢球的一方已经踢了七十分钟好球，但是瞬间的一个疏忽，就可能使自己处于被动的状态。

这让我想起小时候听过的一个童话故事。有一个小男孩在路上救了一个女巫，女巫非常感激他，就告诉了他一个秘密。女巫说，在小男孩家后面的大山里有一个瀑布，瀑布的里面有一个藏宝洞，但是，因为瀑布流速很快，一般人进不去。

女巫给了小男孩一个黄苹果，只要小男孩在瀑布旁边守上四十九天，那个黄苹果就会变得越来越大。小男孩只需把苹果推向瀑布中，就可以把瀑布截流，藏宝洞的洞口便会露出来，这时可以很容易进去拿宝物。

小男孩依照女巫说的话，拿着那个黄苹果到瀑布旁边守着。一天又一天过去了，小男孩一个人在瀑布旁边觉得很没有意思，但为了宝藏，他仍然坚持着。

第四十八天时，小男孩实在忍受不住了，他想，就差一天，应该没什么大问题，于是，他把那个已经变得很大的黄苹果推下了瀑布。

果然，瀑布被截流了，藏宝洞的洞口露了出来。小男孩喜出望外，他小心翼翼地爬到洞口，准备去取宝藏。

可就在小男孩准备进洞的时候，那个黄苹果因为少长了一天，体积不够，顶不住流水的巨大压力，“砰”的一声从瀑布上掉了下来。紧接着，瀑布飞泻直下，旋即将小男孩吞没了。

这个故事告诉我们，做事一定要坚持到最后，否则，就会功亏一篑。

成功的机会对于每一个有头脑又肯用功的人来说都是一样的，但是，为什么失败者比成功者多呢？最重要的一点就是，失败者比成功者少了那么一点点坚持。

若有人问，为什么发明电灯的是爱迪生，而不是我呢？

原因很简单，爱迪生在试验失败了九十九次之后，又坚持进行了第一百次的试验，而我们没有爱迪生的那种坚持。

为什么诺贝尔会成为家喻户晓的科学家，而我不是呢？

那是因为诺贝尔在实验室里做了N次试验，把自己炸得遍体鳞伤，而你没有。

很多成功的人之所以能够取得常人难以企及的成功，关键并不在于他们的头脑比寻常人发达多少，而在于他们愿意为自己的梦想坚持到最后。

伟人是这样，普通人也是这样。不管你正在做的是关系国计民生的大事情，还是鸡毛蒜皮的小事情，都需要坚持才能获得最终的成功。

在实现一个目标的过程中，你总会遇到很多挫折和失败。一次、两次你可能会挺过去，但十次、二十次，甚至是一百次的挫折和失败，可能会让你恼羞成怒。如果你在这个时候放弃了，那么，等待你的将是最终的失败。即使你选择别的课题进行研究，如果缺乏必要的耐心和坚持，那么，你也只会重复过去的失败。相反，如果在经历了十次、二十次，甚至一百次的挫折和失败之后，你还在坚持，那么，成功正在一墙之隔的地方对着你招手微笑。

Part 9 人际关系

学阿甘与他人分享巧克力

给年轻的自己

人是社会动物，离开了社会，人就不能称为人。

既然离不开社会，我们也就离不开人；离不开人，我们也就离不开人际关系。

不要妄想着躲开人际关系这道坎直接摘取成功的果实，人际关系不是人生的选修课，它是我们走向成功的必修课。

人际关系是人生中最难处理的关系。处理人际关系不是解数学难题，套用几个公式就万事大吉。人是最复杂的动物，人心难测，就算你用世界上运算精度最高的计算机，也无法计算出别人在想什么。

但是，处理人际关系又是极简单的一件事。处理好人际关系有两个法宝，那就是"尊重"和"换位思考"。

当然，人际关系这门必修课需要我们用一生来研修。

年轻的你一定玩过回力棒吧？说不定你还砸中过哪个老大爷的头呢！

说起回力棒，它可不是现代人的发明，它是老祖宗给我们留下的玩具。

四万年前，生活在澳大利亚大陆的土著人在狩猎过程中发明了"木棒飞镖"这种攻击性武器。这就是最原始的回力棒。这种工具本来是打猎用的。将你手里的回力棒用力地甩出去，一段时间后，它会以相应的速度，沿着相应的轨道，重新返回到你的手里。

就跟扔回力棒一样，在与人交往的过程中，你给别人鲜花，别人就会回敬你美酒；你给别人毒草，别人就会扔给你炸弹。

如果在别人遇到麻烦时，你能伸出双手，慷慨地给别人以帮助或支持，那么有一天，当你陷入困境时，你就会发现，那些曾经被你帮助过的人一样会向你伸出温暖的手。

尽管我们在帮助别人的时候是不图回报的，但是，人的心灵就像回力棒，最终，你给别人的帮助还是会落到自己身上。

帮助别人就是帮助自己，善待别人就是善待自己。

看到有人掉到坑里的时候，千万别幸灾乐祸、袖手旁观，因为你也有掉到坑里的时候。

也许你会说，并不是每个人都懂得知恩图报的道理。当然，回力棒原理并不是放之四海而皆准的。

但你心里应该清楚，你在帮助他人的时候，想过要回报吗?

如果你是为了得到他人的回报而去帮助他人的，那你应该反思自己的行为是否有太多的功利性?

因此，即使你的帮助得不到他人的回报，你也不用沮丧，因为，就算他没有回报你，至少他不会对你心怀敌意。

还记得电影《阿甘正传》吧?

故事发生在美国阿拉巴马州绿弓镇。阿甘是当地一个很有名的低能儿，他不仅智商很低，还有先天性的残疾，他的双腿萎缩得厉害，不得不带着矫正器走路。

阿甘是不幸的，生活难，上学难，就连坐公共汽车也会受到同伴的歧视。

但是，阿甘却是一个善良的孩子，他见不得别人受一点点委屈，总是想要帮助别人，总是想让身边的人开心。

为了不让母亲担心，他克服自己的残疾和自卑，努力跟别人交往，用善意去对待每一个人；为了让珍妮开心，他不惜去面对那些让他胆战心惊的小流氓；还有巴布，还有丹中尉，为了帮助他们，阿甘不惜牺牲自己的生命和理想。当然，并不是所有得到了他善意帮助的人都会感恩，很多人还是会介意他的智商和残疾，欺负他，排挤他，但是，他依然坚持自己乐于助人的信念。因为他的善良和对他人的无私帮助，他遇到了珍妮、丹中尉，还有巴布一家，而他们给了阿甘巨大的帮助。在他们的支持下，阿甘从一个笨笨呆呆的傻子，到国家荣誉军人、乒乓球选手，再到捕虾的亿万富翁，获得了巨大的成功。

阿甘的妈妈说："人生就像巧克力，你永远不知道下一块是什么味道！"年轻的你，如何像阿甘一样与他人分享你人生的巧克力，共享各种不同的人生味道呢？

1. 世界是由“别人”组成的

这是一个错综复杂的世界，人与人之间总是存在着某些联系。我们生活在这样的世界里，就意味着每个人都不是单独存在的个体，而是生活在一个宏观的世界里。

一堆沙子，一堆钢筋，一些砖块，摆在那里什么也不是，也没有什么用，可是，如果用它们建一座桥，就可以让人少走很多弯路，方便众多行人。

2010年世界杯足球赛，阿根廷有梅西，巴西有罗比尼奥，这两个国家可谓球星云集，但最后都阴沟里翻船，早早就打道回府了。人们纳闷，难道这些球星一到世界杯赛场脚就软了吗？

当然不是。

是十一个人在踢足球，不是一个人在踢。在球场上，如果你踢你的，我踢我的，没有整体观念，不能形成合力，即使十一个人都是球星也枉然。

一个舞台，不但有主角在表演，还得有乐师、灯光师、摄影师等工作人员与主角配合，当然，还得有欣赏的观众。所以，我们必须认识到，这个世界都是由“别人”组成的。

我们先来看看好莱坞女星安吉丽娜·朱莉的故事。

美国好莱坞著名女星安吉丽娜·朱莉曾经获得2000年奥斯卡最佳女配角奖，在个人事业非常成功的时候，她却对生活产生了厌倦心理。

在宣传新片的时候，朱莉接受了媒体的访问。她语出惊人，说她很嫉妒自己曾经演过的角色，那些角色的生活令人向往，可自己的生活却实在太无聊。朱莉在接受《普拉达》杂志的专访时说："回顾一下所有我饰演过的角色，我觉得她们的生活真的比我真实的生活有趣得太多。我一直觉得自己的人生很无趣，我想这也多少能解释我曾经做过的那些令人难以理解的行为，比如说，刺青或者其他的行为。"我们可以这样理解，或许是朱莉演的那些角色将生活诠释得太充实，才造成了朱莉在现实中与电影里强烈的反差!

朱莉当时与美国好莱坞巨星布拉德·皮特正在幸福的热恋当中，正是事业和感情双丰收的时候，但她却感到人生很无聊，甚至有过自杀的想法，这真是令人难以想象和理解。现实生活中，朱莉的表现与她在银幕上扮演的积极健康的形象恰好相反，她的生活几乎可以用"糜烂"来形容。她认为自己取得的成功来自辛勤地付出，而不是观众给予的。

朱莉过多地关注个人，却忽略了社会，这是她陷入孤独的原因！然而，后来朱莉却成功地走出了这个阴影。

朱莉从电视和报纸上了解到，这世界并非每一个角落都是那么的和平与宁静，许多国家与地区还饱受着战争、疾病、灾荒、饥饿的折磨。电视上那些瘦弱的非洲儿童让朱莉的内心受到了强烈的冲击，她意识到不能只关注自己，还应该关注社会，关注身边那些需要帮助的人，因为，正是千千万万的观众才成就了她的今天，她应该为别人做些什么。

朱莉开始关注社会，关注他人，她和男友领养了深陷灾难中的儿童，甚至还深入到战争地区去了解情况。近年来，朱莉积极参与帮助难民的慈善事业，还担任了联合国难民事务高级专员公署亲善大使。在接受媒体采访的时候，朱莉说："我和布拉德都很爱小孩，我们要建立一个大家庭，因此，我们绝不会说不再收养小孩。"

曾经，朱莉的眼光很短浅，她的眼中只有自己那一点伤，那一点痛，所以，她在自己的精神世界里横冲直撞，四处碰壁，伤痕累累。但后来，朱莉的眼光变得长远了，她把视野投向了非洲大草原，投向了那些被贫困折磨的人，她在广阔的社会舞台上找到了新的快乐源泉，她变成了一个快乐的女人。

年轻的你可能正因为失恋而痛苦，可能正因为被裁员而难过，如果这样，不妨后退一步，因为后退一步，你会看得更远。你不但能看到正在远去的恋人，你还能看见未来的恋人正在对你笑；你不但能看到自己被裁员，你还能看到更多的大公司在向你招手。

这就是宏观的视野，大局的观念。想想看，你是不是该具备这样的品质呢?

如果答案是肯定的，那你还在等什么?

2. 把自己放在他人的位置上

20世纪美国著名的人际关系学大师、西方现代人际关系教育的奠基人——卡耐基在《人性的弱点》里有这样的一句话："尽量去了解别人，而不要用责骂的方式；尽量设身处地去想他们为什么要这样做，这比批评和责怪要有益、有趣得多，而且让人心生同情、忍耐和仁慈。"

卡耐基这句慧语其实告诉了我们一个人际交往的规则——交换。所谓交换，就是主动站在别人的角度，设身处地地考虑别人的处境，互相理解，减少误会，建立和谐的人际关系。

怒气冲天，一味地批评和责骂别人，就会丧失彼此之间的信任和感情。其实，只要我们愿意用交换的态度去理解他人的难处，或许我们心中的怒气会逐渐平息下来。

有了态度的交换，你和他人就会有心灵的交换。

有了心灵的交换，对方的愤怒就成了你的愤怒，对方的痛苦就成了你的痛苦。有了这种理解，你还会因为对方的不友善行为而生气吗？

美国心理学家做过这样一个实验：在训练动物时，如果动物有良好行为，就给它奖励；而如果动物行为不良，那就要受到处罚。结果，得到奖励的动物要比受到处罚的动物学得快得多，不但学得快，而且能记住它所学的东西。进一步的研究表明，人类也有这样的情形。

批评、责怪往往并不能使别人发生真正的改变，反而常常会引起对方的反感和嫉恨，所以，对别人挑剔、批评、责怪或者抱怨，都是愚蠢的行为。

球王贝利出生在一个贫寒的家庭里，他的父亲是一个因伤退役、穷困潦倒的足球队员。贝利从小就显现出非凡的足球天赋，他常常踢着父亲为他特制的“足球”——在一只大号袜子里塞满破布和旧报纸，然后尽量捏成球形，外面再用绳子捆紧的足球。贝利经常光着膀子在家门前那条坑坑洼洼的小街赤着脚练球。尽管不时摔得皮开肉绽，但他仍然不停地向着想象中的球门冲刺。

渐渐地，贝利有了点名气，许多认识或不认识的人常常跟他打招呼，还给他敬烟。像所有未成年人一样，贝利喜欢吸烟时的那种“长大了”的感觉。

有一天，当贝利在街上向人要烟时，被父亲看见了。父亲的脸色很难看，贝利低下头，不敢看父亲，因为，他感到父亲的眼睛里有一种忧伤，有一种绝望，还有一种恨铁不成钢的怒火。

“我看见你抽烟了。”父亲激动地说道，贝利不敢回答。“是我看错了吗？”父亲略带怒气地问道。贝利低声答道：“不，您没有。”父亲厉声又问：“你抽烟多久了？”贝利说：“我只吸过几次，几天前才……”父亲心中充满对儿子的失望，但又温和地问道：“告诉我，味道好吗？我没抽过烟，不知道到底是什么味道？”贝利有点惊讶，望了父亲一眼，又低头回答：“我也不知道，其实并不太好。”

父亲突然伸出双手把贝利搂在了怀里，这让贝利一下子不知所措。

父亲说：“你踢球有点天分，也许有一天会一球成名，但是，如果你继续抽烟、喝酒，那这一切就都不会发生。因为，你将无法在球场上一直保持出色的发挥。怎么做你自己决定吧！”说完，父亲打开他瘪瘪的钱包，里面只有几张皱巴巴的纸币。父亲说：“你如果真想抽烟，还是自己买的好，总跟人家要，太丢人了，买烟要多少钱？”

贝利感到又羞又愧，眼睛里涩涩的，可他抬起头来，看到父亲的脸上已是泪水纵横，贝利发誓以后再也不抽烟了。从那以后，贝利勤学苦练，终于成了一代球王。多年以后，贝利回忆道：“父亲那一个温暖的拥抱比给我多少个耳光都更有力量。”

贝利的父亲没有用巴掌和拳头给这个不听话的儿子上课，因为他知道每个人都会犯错误，贝利小小年纪就抽烟，也许是好奇所致。关键是如何让贝利知道这样的生活态度是不对的。巴掌和拳头只能让儿子记住疼痛，却不能让儿子明白道理，只有走进儿子内心，站在儿子的立场与儿子进行心对心的交流，才能让儿子知道应该怎样去生活。

这个故事告诉我们要懂得换位思考。词典中是这样描述换位思考的：站在对方的角度和主场来思考问题，多指设身处地为他人着想，相互宽容、理解。

换位思考可以扩大人与人之间心灵沟通的交集。当与他人产生摩擦和矛盾时，每个人都会习惯性地认为自己是正确的，而对方则是无理的，这种意识会让双方的交流变得非常困难。双方各执一辞，各说各话，很难进行真正的交流。这种交流使双方的内心像两条平行的直线，无法交汇到一起，而换位思考却能让双方向对方的内心靠拢，使双方了解对方的关切点，从而使矛盾有了化解的可能。

只要不涉及道德和法律等原则性问题，我们都可以尝试谅解对方。“谅解是一种爱护，一种体贴，一种宽容，一种理解！”假如当时贝利的父亲只是一味地责骂，甚至暴打贝利，也许贝利就不会成为举世闻名的球王了。

在贝利抽烟的故事中，贝利父亲处理问题的方法，同样也可以用于其他人际关系之间。那么，我们该如何掌握“换位”这一交际手段呢？

第一，离开自己，走近他人。

当别人的做法不能让你满意时，情绪化的举动往往是不理智的，也许年轻的你会痛骂对方，将心中的不满一股脑儿地发泄出来，甚至做出更极端的行为。可是，一旦这样做了，你反而会将自己置于被动的境地，不能理智地思考问题，从而无法做出正确的判断。

因此，年轻的你应该懂得，与其恶言相对，不如多为别人设想。跳出狭隘的思维怪圈后，你也许就能找到合适的方法，做出理智的决策。

适当地放弃自己的观点，站到别人的角度考虑问题，体会别人的心情，也许你会对事情有新的理解。

意见不合时，不要一味地坚持自己的想法，否定他人的主张，否则就无法得到别人的理解。

也许你身居高位，经验丰富，也许别人只是你的下属，但是，这并不代表你可以依仗自己的身份地位逼迫他人服从你的意见。

年轻的你应该拥有博大的胸怀，广泛听取别人的意见，要时刻告诉自己，也许别人的想法更有道理。当你能够俯下身，用心倾听他人的意见时，你就能建立良好的人际关系，得到别人的好感和信任。

第二，自我反省。

自我反省是每个人都应该具备的精神品质。当我们可能给别人制造麻烦的时候，我们应该思考自己的做法有何不妥，采取怎样的行动才能避免或减少给别人造成损失或痛苦。当然，我们首先要做的是诚挚地向对方表示歉意，而不是为自己找理由，推卸责任。

第三，倾听。

倾听他人的想法是一种低投入却能高产出的交流手段。

一位心理咨询师告诉我，他在接待患者的时候，往往不需要说太多的话，他最好的办法就是倾听患者讲他们的伤心故事，故事讲完了，治疗往往也就结束了。因为他在倾听的同时，患者已经进行了有效的心理宣泄，后面的大道理当然也就可以省去了。

心理咨询师需要倾听，商家需要倾听，当然，朋友、亲人之间更需要倾听。

3. 以谦卑的姿态面对他人

当孤独的你身处繁华的都市时，你一定希望自己能受到别人的欢迎，但是，要做到这点谈何容易！

美国著名的人际关系学大师戴尔·卡耐基曾指出：“如果我们只是在别人面前表现自己，试图让别人对我们感兴趣的话，我们将永远不会有真实而诚挚的朋友。”

因为，相互欣赏是朋友关系能够存续的基础，如果只想让朋友欣赏自己，却看不到朋友的魅力，这种友情注定只能是天上的一颗流星。

在华盛顿的街上，经常能看到有人牵着宠物狗逛街，他们给狗喂汉堡和香肠，和狗亲昵无比。他们为何选择狗来做自己的宠物呢？因为狗见到熟人的时候，会又蹦又跳，摇头摆尾，显得格外激动。这很能满足人的情感需要，尤其是在这个情感冷漠的时代。

我们来看这样一个故事。赫万·哲斯顿是全球公认的“魔术师中的魔术师”，世界各地都留下了他创造幻象的奇迹，他高超的技艺让观众几乎喘不过气来。大家一定会想，哲斯顿能在魔术方面取得这么大的成就，一定是因为受过良好的教育。

事实完全相反，哲斯顿从小是一个流浪汉，他搭货车，睡谷堆，沿街乞讨……他的成功绝非像摘掉树上的苹果那样唾手可得。即使在今天的舞台上，魔术师的竞争也依然激烈，那么，是什么把哲斯顿推上了事业的巅峰呢?

哲斯顿的成功来自他对观众投入了更多的关注。哲斯顿在舞台上能把自己的个性表现出来，让观众看到一个不一样的魔术师，更重要的是，他对观众是真诚的。现在，许多魔术师自以为到了出神入化的境界，他们在心里对自己说：“下面坐着的都是一群傻子，我可以把他们骗得团团转。”但哲斯顿不同，他每次上台都对自己说：“我很感激台下的观众，因为他们的到来，我才能有今天。我要把最高明的魔术表演给他们看。”很简单，就是真诚地对待他人。其实，魔术师的技术都大同小异，不同的只是哲斯顿对待观众的那份真心，也正是因为这一点，哲斯顿赢得了观众，也获得了成功。

就像我们交朋友一样，朋友来了，我们只有高兴和热情地去迎接，朋友才会乐意见到你。在这个网络非常发达的时代，人与人之间面对面的沟通交流少了，更多的则是通过网络交流。尽管无法面对面，你的言行举止仍然可以通过网络传达给对方，从而透露出你对别人是否真诚。真诚待人不但可以让你交到很多朋友，而且能让你的生活精彩纷呈。

相信每个人都想成为受欢迎的人。我们可以从以下几点开始做起。

第一，真诚地对待他人。

从现在开始，真诚地对待他人，而不是欺骗和伪装，就像哲斯顿真诚地对待观众一样，站在他人的角度考虑问题，并真诚地与他们沟通。如果你能真诚地对待他人，生活将会变得简单而容易。

第二，微笑。

笑容能照亮所有看到它的人；笑容像穿过乌云的太阳，能带给人温暖。

玛丽曾是一家公司的推销员，推销员的工作就是站在柜台前没完没了地介绍产品。面对顾客，多数的推销员得到的回答是："Oh，no."

而玛丽则不同，她工作的时候时刻保持着微笑，让顾客感觉到她的善意和职业态度，所以，玛丽总是公司里的销售冠军。

发自内心的微笑无法伪装。

微笑是润滑剂，它可以使人与人之间的关系变得温润。纷繁的人生中难免有误解，有失败，有挫折，要想生活更美好，那就清除心中的障碍，微笑吧！

第三，记住对方的名字。

记住对方的名字，并把它叫出来，等于给对方一个很巧妙的赞美，谁听了都会开心。但是，如果你将对方的名字忘了，那就会事与愿违。

记住一个人的名字很简单，但是，要让这个名字在你的大脑中长时间停留却很难。

法国皇帝拿破仑三世即使日理万机，也能记住每一个他认识的人。其实，他也不是记忆力超强，只是他有他的方法，那就是在和对方交流后，自己多用一点儿心思而已。

拿破仑三世对每个人都有比较具体的印象，每当看到他们的时候，他都能很快叫出他们的名字。要知道，叫一个人的名字是所有语言中最甜蜜、最重要的声音，当听到一个并不熟悉的人叫自己的名字时，人们会相当受用。

第四，成为好的倾听者。

在南北战争最激烈的时候，林肯写信邀请春田镇的一个好朋友到华盛顿，对他说有重要的事情要商量。这位好朋友千里迢迢地来到白宫后，林肯就开始滔滔不绝地讲话，从南北战争讲到解放黑奴宣言的可行性，一直讲了几个小时，可是，他自始至终都是自己一个人在讲。直到握手道别时，林肯都没询问好朋友对这些事情的看法。

这位好朋友后来说，林肯在吐露心声后心情平静了许多，其实，他需要的不是别人的意见或建议，他只是需要一个耐心的和善的倾听者，以排除心中的苦闷。

每个人都需要倾听者。

只是生活中更多的是倾诉者，大家都在抱怨，都在发牢骚，又有几个人愿意驻足倾听呢？

成为倾听者是一种高尚的情操。很多时候，我们并不需要为倾诉者指引方向，只要听他们把心中的话倾吐出来，让他们寻求一个平衡点就可以了。发泄完之后，倾诉者也许就释然了。当一切恢复正常后，倾诉者就会对倾听者怀有一份特殊的感情。

第五，以别人的兴趣作为谈话的焦点。

简曾在一家小公司上班，他经常要和一些采购商交涉。有些采购商让简很头疼，因为他不知道怎样才能让这些采购商购买自己公司的产品，他根本摸不着这些采购商的心思。因为业绩不理想，他经常被老板批评。

有一次，他与一个采购商交涉未果，正要败兴而归的时候，突然看到快递员正拿着一本《飘》往采购商的办公室走，刚好那本书也是自己喜欢的。简灵机一动，想出了一个办法。第二天，简又去了采购商那儿，这次他并没有急着谈生意，而是和采购商谈起了《飘》，从买书到书中的主人公，两人时而黯然神伤，时而哈哈大笑。直到快下班了，两个人才停止交谈，而简一直没有谈生意的事，但是，最后采购商很痛快地和他签了单。

第六，让他人觉得自己很重要。

让每一个与你接触的人感觉他很重要，将会使对方的自信心大增。把你的注意力集中到与你交谈的人身上，说话的时候眼睛看着对方，并保持微笑，尽量使对方感觉你很专心；不要伪装，人与人之间的关系也是相互的，你怎样对待别人，别人都能感觉出来。就像我们去买衣服，若是一家店的老板不爱搭理你，那你还会在那里买东西吗？肯定不会。

记住，让别人感觉自己很重要，这是一个让对方产生好感的最佳方法。

4. 激发出他人心中最好的部分

自信是一个永恒的话题。作为个人，我们要对自己充满信心；作为人际关系的一个参与者，我们要对别人充满信心。

通常情况下，绝大多数人都喜欢与自己信任的人为伍，因为他们觉得这样才有安全感，觉得这样才可靠。但是，有些时候，人们也会丧失对别人的信心，不自觉地责备、猜忌别人，结果使人际关系出现裂痕。

因此，我们在与别人相处的过程中，对别人怀有信心与自信同样重要。

在工作中或生活中，当他人的做法不能让我们满意时，我们会生气，甚至是愤怒，消极的情绪可能左右我们的行为，诱导我们做出不理智的决定。

也许是别人做错了，但是，事情并不是不可挽回，糟糕的情况也并非不可改变。所以，在与人相处时，切忌丧失理智，让消极的情绪左右你。

是的，这就是我想告诉你的道理：在处理人际关系时，我们或许可以忽略别人的能力高低，给予别人适当的宽容和鼓励，这就如同用灰姑娘教母的仙棒点在他的身上一般，让他从头至尾焕然一新！这样，我们也许可以得到一个更加满意的结果。

亨利是美国一家卡车经销商的服务经理，手下有一个员工工作表现得很糟糕，而且一次比一次更糟糕。但是，亨利没有对他发脾气，而是把他叫到办公室跟他进行了一次坦诚的谈话。

亨利对这个员工说："比尔，你是一个很棒的技工，你在这条线上工作好几年了，修的车子顾客也很满意，其实，有很多人都夸赞你的技术好。可是最近，你完成一件工作所需要的时间却增加了，而且质量也比不上以前了。我想，你一定知道我对这种情况不太满意，也许，我们可以一起想个办法来解决这个问题。"比尔听完，觉得很惭愧。他坦诚地说，前一阵子家里出现了让他烦心的事情，不过他保证，他会调整好状态，不让这种情形继续下去。

后来，比尔又回到了从前的状态，而且做得比以前更好，重新得到了大家的赞赏。他本来就是一个优秀的技工，亨利对他的赞赏，让他有了一种为自己的荣誉而努力做好工作的责任感。

亨利与比尔的这个故事告诉我们，重视他人好的一面，并且不吝啬赞美之词，表现出对他人的信任，这会激发他人的热情和潜力！

每个人都希望自己是最重要的人物，也都需要他人的信心和赞美。如果我们帮助了一个人，那就有可能让更多的人受惠，而且这种帮助会传染给更多人，也会影响到更多人，所以，每个人都应该对他人抱有信心。

在纽约布鲁克林的一所小学里，开学的第一天，四年级的老师鲁丝·霍普斯金太太却没有对新学期的期盼，她的脸上更多的是忧虑。

原因是她班上有一个全校最顽皮的"坏孩子"——汤姆。

汤姆三年级的老师曾经不断地向同事或者校长抱怨——只要有任何人愿意听那位老师的抱怨，她就会不停地说汤姆做的坏事——汤姆不但在班里搞恶作剧，扰乱课堂纪律，而且跟男生打架，欺负女生，对老师无礼。

其实，汤姆并不是一无是处，他的优点是他很快就能学会老师讲的知识。

霍普斯金太太决定面对“问题汤姆”。当见到她的新学生时，她这样说道：“露丝，你穿的衣服很漂亮；爱丽西亚，我听说你画画很不错。”轮到汤姆时，她直视汤姆，对他说：“汤姆，我知道你是个天生的领导人才，今年我要靠你帮我把我们班变成四年级最好的一个班。”开始的几天，她一直强调汤姆是一名优秀的学生，夸奖汤姆所做的一切，并评价汤姆是一名很好的学生。渐渐地，汤姆在老师的肯定和鼓励下，真的变成了一名品学兼优的学生，并且帮助霍普斯金太太把班级管理得井井有条，使霍普斯金太太的班级成为四年级最好的一个班，令其他老师刮目相看。

南非前总统纳尔逊·曼德拉说过这样一句话：“除非被证明了是个错误，否则，相信他人最好的一面。每个人都是宝贵的，要将每个人都当作个体来认识和尊重。”

是的，在你还未能辨别别人是对是错、是好是坏的情况下，不能随便将自己的主观意识强加在别人的身上！

人与人之间要有技巧地沟通，值得我们深交的人，我们更应该记住他们的优点，而忘掉他们的缺点。

一个在文学方面刚起步的英国作家为了宣传自己的作品，决定在一所大学里举办一场演讲。他做了充分的准备，并且自己一个人在家里练习了很久，还准备随时接受听众的提问。

演讲那天，作家很激动，也很期待，心想，这将是一场完美的演讲，一定能很好地宣传自己。离演讲还有不到半个小时，大学礼堂里却还未见一名学生或老师前来听讲。作家有点失落，可他仍然期待大家会在吃完晚饭后赶来听他的演讲。

但是，演讲时间到了，整个礼堂里却只有一个学生，作家心灰意冷，决定取消演讲。

为了表示礼貌和尊重，作家走到那个学生的面前礼貌地对他说：“很对不起，先生，你也看到了，只有你一个人来听演讲，相信你会感到很无趣。我很抱歉地告诉你，我决定取消晚上的演讲。”

作家本以为那个学生会就此离去，那个学生却说道：“不，先生，也许是大家还不认识您，所以晚上都没来听您的演讲。说实话，我也是刚好路过。但是，我觉得您不应该取消演讲，哪怕只有我一个人，您也应该把您的演讲继续下去。不要小看我一个人的力量，如果我觉得您的演讲很有意义，我会回去告诉别人，下次您再来演讲的时候，就会有很多人来。”作家觉得很有道理，于是认真地完成了演讲。

听了作家的演讲，学生觉得很有收获，回去后，他真的告诉了很多文学院的同学。不久之后，当作家又来这所大学演讲的时候，听众多得超过了他的想象。

我说这个故事是为了告诉年轻的你，不能低估任何一个人的力量，如果能真诚对待周围的每一个人，我们就可能收获意想不到的回报！

在人际交往中，信任对方，就是给对方尽可能多的空间。对他人的责备和猜忌，不但无济于事，还会给自己增添烦恼。重视他人好的一面，适时夸赞他人，会令沟通交流变得更成功！

5. 适时关怀他人

运动场上的对抗让人如痴如醉，人际关系中的对抗却让人头疼。可是，你越是像躲避瘟神一样躲避对抗，对抗就越是如影随形地跟在你身边，甩也甩不掉。

对抗给我们带来的是不安与痛苦。昨天你刚与一个同事发生了激烈的争吵，今天却在公司楼道里遇见他，你能装作什么事都没有发生吗？你的心情能平静如水吗？

既然对抗会让我们不安与痛苦，那我们又何必非要选择对抗呢？当与他人有不同意见时，难道没有别的处理办法了吗？

当然有，这个办法就是关怀。在出现意见不统一时，关怀应该高于对抗。那么，年轻的你应该怎么做呢？

第一，态度要诚实、谦逊。

当冲突和争吵发生时，对抗已经在无形之中存在了，那么，我们要做的就是处理好现在的问题，避免事情向更坏的方向发展。许多人出于自尊和虚荣，始终不愿意与冲突方主动沟通，他们甚至为了逞口舌之快，将冲突和争吵进一步升级。

戴尔·卡耐基说："事实上，你不能在争执中获胜。你输了，就是输了，即使你赢了，也是输了。原因何在？即使你赢了对方，把他骂得体无完肤，也许你当时觉得很解恨，但是，因为你逼得对方低你一等，刺伤了对方的自尊，就招致了他对你一辈子的怨恨。”

这句话告诉我们，口舌之争，无论结果如何都是失败，受害的是冲突双方。相反，如果我们用诚实、谦逊的态度主动去面对冲突，寻求对方的理解，那么，对方就会很容易体会到你的善意和解决问题的诚意。这时候，距离问题的解决就会又近了一步。

第二，及时沟通。

你要去见女友，却被一块石头挡住了去路，为了见到想见的人，最好的办法就是想办法把这块石头搬走。

回避问题，问题就永远也解决不了。

对抗形成时，如果大家都对问题采取回避的态度，不想办法解决，那么，这个问题在大家的心里就是个阴影，这个阴影早晚会影响到今后的相处。

因此，在问题出现的时候，必须及时沟通。

在法国一个小镇上，有一个公司的员工宿舍里住着四个人。不知道从什么时候开始，宿舍里的气氛变得紧张起来。

冲突的导火线是一个音乐播放机。

凯文和宿舍其他人的上班时间是错开的，每天晚上，当宿舍另外两个人去上夜班的时候，凯文才刚下班，一回到宿舍，凯文就恨不得能马上睡觉。但是，汤姆不知道什么时候买了一个音乐播放机，每到凯文下班时，汤姆就开始放音乐，而且跟着音乐哼唱，这严重影响了凯文的休息。刚开始，凯文只是提醒汤姆小声点儿，但是，汤姆不以为然。终于有一次，凯文无法忍受，彻底爆发了，他大声怒斥汤姆：“唱得那么难听，还在那儿唱，你以为你是××吗？请别影响别人休息好吗？”

被训斥的汤姆不服气，回答道："我想干嘛与你无关，请你别乱要求别人，你的话不是命令。"

汤姆和凯文闹僵了，而且谁都不愿意让步。

为了避开汤姆的"骚扰"，凯文向公司请求调班，汤姆上班的时候，凯文刚好下班可以休息。然而，毕竟同住一个宿舍，休息时，大家都会在一起玩，现在宿舍的气氛却因为汤姆和凯文的矛盾变得很沉闷。宿舍长决定亲自解决这件事，他找到汤姆，对他说："汤姆，你觉得你的做法对吗？"

汤姆没好气地说："宿舍又不是他一个人的，我想干嘛就干嘛。"

宿舍长答道："你也说了，宿舍不是一个人的，你觉得别人在睡觉的时候，你唱歌合适吗？"

汤姆不吭声了。后来，汤姆主动向凯文道歉，凯文也愉快地接受了他的道歉。终于，宿舍的气氛又变好了。

这个故事告诉我们，无论发生什么矛盾，只要双方都有主动解决问题的意愿，那么，矛盾就能合理、妥善地得到解决。

第三，寻求理解，不一定要达成共识。

沟通并不是要说服对方，而是让对方知道自己的真实想法。

对方知道了自己的真实想法，就能避免更大的冲突。

说到底，双方都知道对方的想法，但又都保留自己的想法，这样，沟通的目的也就达到了。

这一点，我们可以学习一些公司较为成功的决策会议。许多成功的公司在某一项决策形成之前都会召开会议，让所有人参与讨论，会上每个人的意见都不一样，但每个人的意见都是经过深思熟虑的，所以大家极力地为自己的建议辩解，详细说明为什么要这样做，并且都坚持自己的建议。然而，会议结束以后，大家仍然是一个团队，并没有因为意见不合而彼此心怀不满。

因此，解决争吵并不是要我们向对方妥协，而是要寻求互相理解，让大家就彼此的想法进行交流和沟通，在此基础上，让双方心里的不满得以消除。

第四，厘清问题的纲要轮廓。

有句话说："普通人在了解状况前，就提意见，而愚笨的人在了解状况前，就做出判断。"这句话告诉我们，在没有搞清楚事实前就做出判断是极不明智的。但是，这并不代表我们就没有发言权，我们应该理清问题的纲要轮廓，提出自己的见解。

理清问题的纲要轮廓，就是要理清问题的整体思路和脉络，而不是纠缠细枝末节。当他人对你的整体思路有了全面了解，问题就变得清晰而简单了。

第五，鼓励对方回应。

是的，问题源于双方，也必须由双方解决。你的心里出现了和解的想法，并不代表你单方面的行为就能得到对方的呼应。

比德和卡尔闹矛盾了。起因是打篮球时，为了阻止卡尔上网扣篮，比德在背后推了卡尔一把，结果卡尔失去重心摔倒在地，脸部被擦伤。卡尔起来后，立马给了比德一拳；比德也毫不示弱，准备挥拳相向。幸亏同伴把两人劝住，才避免了一场拳击大战。

事后，卡尔觉得只是打篮球而已，而且比德也不是故意让自己受伤，自己贸然出手打人，似乎有些过分了，于是主动向比德道歉，希望得到比德的原谅，但脸上还青紫着的比德没有任何回应。卡尔不得不第二次、第三次找比德道歉。慢慢地，比德觉得如果再不接受卡尔的道歉，那就显得太小肚鸡肠了。于是，在卡尔第四次找比德道歉时，比德原谅了卡尔。两人终于冰释前嫌，重归于好了。

矛盾发生时，你应该主动向对方示意，表达自己希望和解的意愿，这样才能使对方的不满得到缓解，哪怕对方一开始冰冷相对，你也不要放弃。在你的坚持下，对方也会反思自己的行为，继而会在行动上有所回应，糟糕的局面也会逐渐好转。

所以，年轻的你要记住，行动决定一切。如果双方都在反思自己的错误，却没有付诸行动去消除误解和争执，那么问题就始终得不到解决。

达成共识是双方打破僵局的开始，而消除误会的行动才能真正解决根本问题。